控制焦虑

How to Control Your Anxiety
Before It Controls You

[美] 阿尔伯特·埃利斯 著
（Albert Ellis）

李卫娟 译

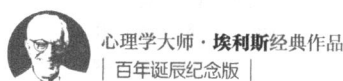

心理学大师·埃利斯经典作品
百年诞辰纪念版

机械工业出版社
China Machine Press

图书在版编目（CIP）数据

控制焦虑/（美）埃利斯（Ellis, A.）著；李卫娟译. —北京：机械工业出版社，2014.1（2024.1 重印）
（心理学大师·埃利斯经典作品）
书名原文：How to Control Your Anxiety Before It Controls You

ISBN 978-7-111-45081-8

Ⅰ. 控… Ⅱ. ①埃… ②李… Ⅲ. 焦虑–自我控制–通俗读物 Ⅳ. B846-49

中国版本图书馆 CIP 数据核字（2013）第 295118 号

版权所有·侵权必究
封底无防伪标均为盗版

北京市版权局著作权合同登记　图字：01-2013-6500 号。

Albert Ellis. How to Control Your Anxiety Before It Controls You.
Copyright © 1998 Albert Ellis Institute.
Chinese (Simplified Characters only) Trade Paperback Copyright © 2014 by China Machine Press.
This edition arranged with Kensington Publishers through Big Apple Tuttle-Mori Agency, Inc. This edition is authorized for sale in the Chinese mainland (excluding Hong Kong SAR, Macao SAR and Taiwan).
No part of this book may be reproduced or transmitted in any form or by any means, electronic or mechanical, including photocopying, recording or any information storage and retrieval system, without permission, in writing, from the publisher.
All rights reserved.

本书中文简体字版由 Kensington Publishers 通过 Big Apple Tuttle-Mori Agency，Inc. 授权机械工业出版社在中国大陆地区（不包括香港、澳门特别行政区及台湾地区）独家出版发行。未经出版者书面许可，不得以任何方式抄袭、复制或节录本书中的任何部分。

机械工业出版社（北京市西城区百万庄大街 22 号）　邮政编码　100037）
责任编辑：赵艳君　　　　版式设计：刘永青
固安县铭成印刷有限公司印刷
2024 年 1 月第 1 版第 27 次印刷
170mm×242mm·15.25 印张
标准书号：ISBN 978-7-111-45081-8
定　　价：59.00 元

客服电话：（010）88361066　68326294

致珍妮特 L. 沃尔夫

相伴 30 年的真诚伙伴

How to
Control Your Anxiety
Before It
Controls You

对话大师

李孟潮专访埃利斯

心理治疗流派层出不穷，但实际上真正受到承认的只有屈指可数的几种，这几种重要流派的开山宗师堪称凤毛麟角，阿尔伯特·埃利斯（Albert Ellis）就是其中一位。

全世界学习心理治疗的人都会在教科书里找到这个名字，都知道他是理性情绪行为疗法（Rational Emotive Behavior Therapy，REBT）的创始人。如果你不知道的话，要当心自己的学业前途了。笔者曾有幸在埃利斯89岁那年采访到这位世界心理学巨匠，谈话内容在此分享给诸位读者。

李孟潮：您写过这么多书，年近九旬仍每周工作80小时以上，保持如此神奇精力的秘诀是什么？

埃利斯：我在89岁依然能有很多精力努力工作，第一个秘诀是遗传——我的母亲、父亲和哥哥都是精力充沛的人！第二个秘诀是，我对自己实行理性情绪行为疗法（以下皆依埃利斯原话简称为REBT），所以我坚决反对任何人扰乱我在做的任何事情，我也反对去扰乱别人的事情或这个世界上正在发生的任何事情。

李孟潮：想不到理性情绪行为疗法还能让人精力充沛。您的业余时间都做些什么呢？

埃利斯： 实际上我几乎没有什么业余时间，当我有一点空闲时，我很喜欢听音乐和读书。

李孟潮： 中国人总对别人的私生活感兴趣。也许美国人不太习惯——请问您结婚了没有？您的家庭是什么样的？

埃利斯： 我结过两次婚，还和一位女士同居了36年，但现在我又是单身了。我很喜欢单身的生活。我没有孩子，但我和兄弟姐妹、父亲母亲相处得很融洽。

李孟潮： 看来在您40岁前遇到过不少挫折。也换过不少职业，至少有作家、商人、心理咨询师这三个职业吧？现在回首往事，您认为这样的经历对您有什么意义吗？

埃利斯： 我这一生中曾经至少转换过三个职业，这个事情仅仅意味着，在一段时间内，我会全神贯注于一项事业，然后由于各种原因我会改变，并且同样全神贯注于下一项事业。

李孟潮： 您经历过很多刺激事件，您怎样处理这些事件呢？

埃利斯： 我是这样处理我生活中的刺激事件的——并不要求这些刺激事件不要有刺激性，也不为这些事情感到焦虑或忧郁，因此我在处理这些事情时就能做到最好。

李孟潮： 能用一句话介绍一下理性情绪行为疗法吗？

埃利斯： REBT还真不能用一句话来概括，但如果我来试试的话，我会这么说，REBT是这样一种理论，它认为人们并非被不利的事情搞得心烦意乱，而是被他们对这些事件的看法和观念搞得心烦意乱的，人们带着这些想法，或者产生健康的负性情绪，如悲哀、遗憾、迷惑和烦闷，或者产生不健康的负性情绪，如抑郁、暴怒、焦虑和自憎。

当人们按理性去思维、去行动时，他们就会是愉快的、行有成效的人。人的情绪伴随思维产生，情绪上的困扰是非理性的思维所造成。理性的信念会引起人们对事物适当、适度的情绪反应；而非理性的信念则会导致不适当的情绪和行为反应。当人们坚持某些非理性的信念，长期处于不良的情绪状态之中时，最终将会导致情绪障碍的产生。

非理性信念的特征有：①绝对化的要求。比如"我必须获得成功""别人必须很好地对待我""生活应该是很容易的"，等等。②过分概括化。即以某一件事或某几件事的结果来评价整个人。过分概括化就好像以一本书的封面来判定一本书的好坏一样。一个人的价值是不能以他是否聪明，是否取得了成就等来评价的，人的价值就在于他具有人性。他因此主张不要去评价整体的人，而应代之以评价人的行为、行动和表现，每一个人都应接受自己和他人是有可能犯错误的人类一员（无条件的自我接纳和接纳别人）。③糟糕至极。这是一种认为如果一件不好的事发生将是非常可怕、非常糟糕、是一场灾难的想法。非常不好的事情确实有可能发生，尽管有很多原因使我们希望不要发生这种事情，但没有任何理由说这些事情绝对不该发生。我们将努力去接受现实，在可能的情况下去改变这种状况，在不可能时学会在这种状况下生活下去。

理性情绪行为治疗的方法简单来说，就是让来访者意识到自己的非理性的思维模式，并与之辩论，从而达到"无条件的自我接纳"。

大部分心理治疗的流派会比较倾向于使用或认知，或行为，或情绪的方法，但是理性情绪行为疗法是一种比较独特的流派，它三种方法都使用，并清楚地认识到认知、行为、情绪是相互作用的。所以，我们以一种情绪和行为的模式使用认知技术，我们以一种认知和行为的模式使用情绪技术，我们以一种认知和情绪的模式使用行为技术。

李孟潮：哪一类的咨询者可以寻求REBT治疗师的帮助？

埃利斯：几乎每个人都可以，只要愿意持续地、充满情感地、坚强地去探索自己是如何使自己烦恼的，并愿意努力摆脱让自己烦恼的方式，REBT的治疗师都可以帮助他。

李孟潮：您在创立理性情绪行为疗法的时候一定面临了很大的压力，以当时的眼光来看，那是对弗洛伊德的背叛。直到前不久，您还说过根据您的标准来看，弗洛伊德还不够性感。能告诉我们这句话是什么意思吗？

埃利斯：我说弗洛伊德不够性感的意思是指，其实弗洛伊德把性行为的很多种形式都看作变态或异常的。一个真正的性心理治疗师会认为，只有极少数的性行为是不好的或不道德的，虽然有些社会环境会坚持认为这些行为是异常的。

李孟潮：目前中国的心理治疗事业刚刚起步，如果中国的心理咨询师想要学习REBT，应该怎么办呢？需要什么样的条件和过程才能成为理性情绪行为治疗师呢？

埃利斯：成为REBT治疗师的条件和过程是，多读一些我写的书，听我的磁带、看我的录像带。当然，最好就是直接参加我们的培训，我们每年都会在全世界举办很多次培训。

李孟潮：当前中国的心理治疗师面临的一个问题就是经济的问题。有些咨询者和部分治疗师认为，心理治疗应该是和商业活动无关的。也有的治疗师认为,心理治疗中蕴含着无穷的商机。您看起来是一个很特殊的治疗师,既具有很大的名声,又具有很多通过REBT赚钱的途径。您对赚钱和无私地帮助别人之间的冲突是怎么看的?

埃利斯:实际上我并没有通过REBT赚到什么钱,因为我所做的一切都是为了阿尔伯特·埃利斯研究所,这是一个非营利机构。我的书的版税和其他的收入都直接归到研究所,而不是我个人。对钱的强烈欲望时常让人们做更多自私的事,也阻止人们做到REBT所说的"无条件的接纳别人",可我不是这样的。

李孟潮:对今天的中国您有什么想要了解的?

埃利斯:我对今天的中国了解很少,如果有时间的话,我想更多地了解中国。

李孟潮:作为89岁的老人,回首人生,您认为在生命中什么是最重要的?

埃利斯:我生命中最重要的事就是对自己使用美国式的REBT并总是接纳我自己,虽然我也尝试着改变我做的很多事情。

李孟潮:一个大问题,也可能是一个愚蠢的问题,您对生活的态度是什么?

埃利斯:我对生活的态度是,我们不是被邀请到这个世界上来的,生活本身并没有意义,而是我们给了它意义。我们赋予生活意义的方法是,决定什么是我们喜欢的,什么是我们不喜欢的,什么是我们特殊的目标和目的,从而为我们自己选择了意义。

李孟潮： 我的采访就快结束了，您想对中国的青年说些什么？

埃利斯： 我想对中国青年说的是，他们很年轻，如果这个世界有不幸的事情发生——这是屡见不鲜的，他们有足够的时间，建设性地使用REBT或其他类似的思考方式来努力不让自己烦恼。

How to
Control Your Anxiety
Before It
Controls You

阿尔伯特·埃利斯简介

阿尔伯特·埃利斯（Albert Ellis，1913—2007），超越弗洛伊德的著名心理学家，理性情绪行为疗法之父，认知行为疗法的鼻祖。在美国和加拿大，他被公认为十大最具影响力的应用心理学家第二名（卡尔·罗杰斯第一，弗洛伊德第三）。

埃利斯创立了对咨询和治疗领域影响极大的理性情绪行为疗法（Rational Emotive Behavior Therapy，REBT），为现代认知行为疗法的发展奠定了基础。该疗法适用范围广、实用性强、见效快，为中国心理咨询师最常用的方法，是中国心理咨询师国家资格考试必考的疗法之一。

埃利斯自哥伦比亚大学获得临床心理学博士学位，投身心理治疗工作60余年，治愈了15 000多名饱受各种情绪困扰的人，并在纽约创立阿尔伯特·埃利斯理性情绪行为疗法学院。

埃利斯是精力充沛而多产的人，也是心理咨询与治疗领域内著作最丰富的作者之一。多个核心心理咨询期刊都曾刊登过埃利斯的文章，他的文章刊登次数堪称心理咨询领域之最。他一生出版了70多本书籍，其中有许多都成为长年畅销的经典，有几本著作销售量高达几百万册。

2003年，当他90岁生日的那天，他收到了多位公众知名人物的贺电，其中包括美国前总统乔治·布什、比尔·克林顿，前国务卿希拉里·克林顿。

在2007年的《今日心理学》杂志上，他被誉为"活着的最伟大的心理学家"。

他是史上最长寿的心理学家，2007年安然辞世，享年93岁，被美国媒体尊称为"心理学巨匠"。

生平

1913年9月27日，阿尔伯特·埃利斯出生在美国匹兹堡的一个犹太人家庭，是3个孩子中的长子。

4岁时，埃利斯全家移居纽约市。

5岁时，埃利斯因肾炎住院，因此不能再从事他所热爱的体育运动，从而开始热爱读书。

12岁时，埃利斯父母离婚了。他的父亲长年在外经商，对自己少有关爱，母亲同样感情冷漠，喜欢说话，却从不倾听，父母关系向来很差。曲折的经历让他对人的心理活动充满兴趣，小学时就已经是个很能解决麻烦的人了。

进入中学以后，埃利斯的目标是成为美国伟大的小说家。为了这个目标，他打算大学毕业后做一名会计师，30岁之前退休，然后开始没有经济压力地写作，因此他进入了纽约市立大学商学院。经济大萧条来了，击碎了他的梦想。他仍然坚持读完大学，获得了学位。

大学毕业后，埃利斯开始做生意，生意不好不坏。这时埃利斯对文学还是痴心不改，他把大多数时间都用来写纯文学作品。

28岁时，他已写了一大堆作品，可都没有发表。这时他意识到自己的未来不能靠写小说生活，于是开始专门写一些非文学类的杂文，并加入了当时的"性－家庭革命"。这时他发现很多朋友都把他当作这方面的专家，并向他寻求帮助。此时，埃利斯才发觉原来他像喜欢文学一样喜欢心理咨询。

1942年，埃利斯开始攻读哥伦比亚大学临床心理学硕士学位，主要接受精神分析学派的训练。

1943年6月，埃利斯获得哥伦比亚大学临床心理学硕士学位。

1947年，埃利斯获得临床心理学博士学位。如同当时大部分心理学家，这时候的埃利斯是个坚定的精神分析信徒，下决心要成为著名的精神分析师。

20世纪40年代后期，埃利斯已经在当地的精神分析界小有名气，他在哥伦比亚大学做教授，还先后在纽约市以及新泽西州的几所机构内身居要职。可就在此时，埃利斯开始对自己钟爱的精神分析事业产生了怀疑。

1953年1月，埃利斯彻底与精神分析分道扬镳，开始将自己称为理性临床医生，提倡一种更积极的新的心理疗法。

1955年，他将自己的新方法命名为理性疗法（Rational Therapy，RT）。这种疗法要求临床医生帮助咨询者理解，自己的个人哲学（包括信仰）导致了自己的情感痛苦。例如"我必须完美"或"我必须被每个人所爱"。

1961年，该疗法改名为理性情绪疗法（Rational Emotive Therapy，RET）

1993年，埃利斯又将该疗法更改为理性情绪行为疗法（Rational Emotive Behavior Therapy，REBT）。因为他认为理性情绪疗法会误导人们以为此疗法不重视行为概念，其实埃利斯初创此疗法时就强调认知、行为、情绪的关联性，而且治疗的过程和所使用的技术都包含认知、行为和情绪三方面。

2004年，埃利斯罹患严重的肠炎。

2007年7月24日，埃利斯自然死亡，享年93岁。

How to
Control Your Anxiety
Before It
Controls You

本书简介

控制焦虑

按照阿尔伯特·埃利斯博士在本书中所述的理性情绪行为疗法（REBT）的规则，你可以在焦虑控制你之前先行将其控制。如果你承认这样一个重要的事实：单纯的人与事并不会使你感到焦虑，那么，你就可以阻止焦虑感的发展，不切实际的期望才是造成那些不必要焦虑感的原因。

健康的焦虑感（包括担忧、谨慎和警惕），可以说是一种恩赐：它可以抵挡危险，保护你的生命，使你意识到那些你可以改变的"不好"事物。不健康的焦虑感则完全不同：它会导致一种麻木的恐慌感、过分的担忧和恐惧情绪，这些情绪会阻止你去做那些你认为"很危险"的事情，而实际上这些事情并没有什么危险性。不健康的焦虑会阻止你去享受正常生活和发展人际关系，你会认为这些事情有很大的潜在风险。这种心理会使你表现不佳，并消磨你的时光，还会阻止你发挥自己的创造力。

利用理性情绪行为疗法的训诫语句，你可以控制自己的焦虑感。

埃利斯博士曾成功治疗过数十名患者，其中包括患有表演焦虑症、就业危险恐惧症、性功能障碍和社交恐惧症的患者，你将在本书中看到这些案例。除此之外，本书还列出了200多条至理箴言，它们会使你缓解那些不健康的焦虑感，有助于你在生活和工作中享受到更多的成功、快乐和幸福。

How to
Control Your Anxiety
Before It
Controls You

目录

对话大师　李孟潮专访埃利斯

阿尔伯特·埃利斯简介

本书简介　控制焦虑

第 1 章　你可以在焦虑控制你之前先发制人　/ 1

第 2 章　焦虑是什么，它是如何控制你的　/ 12

第 3 章　焦虑是你制造的，你也可以消除它　/ 21

第 4 章　使你产生焦虑的非理性信念　/ 30

第 5 章　与非理性信念辩论　/ 44

第 6 章　建立有效的理性信念　/ 58

第 7 章　积极想象法和模仿方法　/ 63

第 8 章　成本–效益分析　/ 66

第 9 章　心理教育　/ 69

第 10 章　放松和分散注意力方法　/ 72

第 11 章　克制过度思考法　/ 74

第 12 章　问题解决法 / 76

第 13 章　无条件的自我接纳法（USA） / 79

第 14 章　无条件接纳别人 / 91

第 15 章　理性情绪意象法 / 103

第 16 章　羞耻-攻击练习 / 107

第 17 章　能有效控制焦虑症的好方法 / 117

第 18 章　坚定相信自己的理性信念 / 127

第 19 章　幽默感 / 134

第 20 章　暴露疗法和系统脱敏法 / 145

第 21 章　容忍和适应容易引发焦虑的情境 / 155

第 22 章　激励法 / 160

第 23 章　惩罚法 / 165

第 24 章　固定角色扮演 / 168

第 25 章　生物学和药物治疗 / 172

第 26 章　改变态度 / 176

控制焦虑的至理箴言

用 104 个箴言控制焦虑思想 / 186

用 62 个箴言控制焦虑情绪和因此产生的身体反应 / 205

用 65 个箴言应对不适焦虑感和非理性恐惧感 / 217

How to
Control Your Anxiety
Before It
Controls You

第1章

你可以在焦虑控制你之前先发制人

19 岁以前，我一直是一个患有严重焦虑症的人。事实上，我想我也许天生就有一种焦虑倾向。我的母亲就是这样的一个人：总体而言，她是一个乐观向上的人，但她还是会为一些小事儿担忧，比如金钱。在我的童年和少年时代，她从未对钱有过什么真正的渴望。我的父亲是一个赞助商，也是一个优秀的推销员，曾经有一次获得了 100 万美元——在 20 世纪 20 年代，这是一笔不小的收入，但母亲还是一直为日常开支担忧。每次父亲给服务员 50 美元小费时，她总会偷偷地将这 50 美元拿回来，然后换成一张更小面额的钞票。母亲将她的钱存进一个独立账户中，存了几千美元，但她还是总担心钱不够花。

我父亲亏损掉了他在股市投入的第一笔 100 万美元，他又投入了第二笔 100 万美元，那时我们家的经济状况还算良好，但母亲仍然为钱而担忧，还有其他一些相对不重要的事情，所以她不停地存钱、存钱、存钱。她这种心态也不是完全不可取的，1929 年，当我父亲损失了第二笔 100 万美元时，他已不能定期给母亲提供生活费，但我们还是成功地度过了大萧条时期。为了维持这个家庭，弟弟、妹妹和我都开始工作挣钱。尽管如此，母亲还是担心不已，当她93岁去世时仍有许多存款。

你也许会认为我大概是受她的影响，但是事实并非如此。我的弟弟比我小19个月，我们是在同样的环境中长大的，他几乎从未担心过什么。我弟弟酷爱冒险，做过各种"危险"的事情，他似乎从未担心过会产生什么样的后果。如果一切进展顺利，也就没什么可担忧的；如果出现什么意外情况，他也从来不会因此而担忧。他会继续投身于下一个冒险中，无论是社会风险还是企业风险，他都乐此不疲。事实上，他的心态很好——因为他很少担心什么。

我则完全不同！我会为各种潜在的不测而担忧。可以肯定地说，童年和少年时代的我一直都是一个腼腆害羞、乖巧听话、犹豫不决的人，我几乎不会去尝试任何大的冒险——如果确实需要，我也会忧心不已。我对公共演讲的恐惧感尤甚。我是一个天资聪明的人，所以时常会有人要求我发言，或是在课堂游戏中，或是在课堂上公开讲话，或是回答老师的问题，因为老师确信我能给出正确的答案。但是，大多数情况下我会自愿让贤，我尤其会推脱任何公开演讲。

举一个典型的例子。我是一个拼字高手，可以说是班上最优秀的，但是我总是避免参加任何拼字比赛，因为我害怕犯错误（尽管我几乎从未出过错），担心人们会嘲笑我。每次老师强迫我参加比赛时，我总是能打败所有其他孩子，成为获胜者，但我一点儿也不喜欢拼字比赛。简单点儿说，我只是喜欢获胜的感觉。

又如，我们必须时不时地背诵一首短诗，并在第二天上课时在全班人面前朗诵出来。尽管我记忆力很好，我还是害怕朗诵时会结结巴巴。我非常害怕公开朗诵诗歌，所以当诗歌朗诵那天到来时，我会头痛欲裂，我把温度计放散热器旁使其升温，然后向老师说明我发烧了。于是，母亲就会让我留在家里。要让老师和其他孩子看到我糟糕的表现吗？坚决不行！

有一次，大约是在我 11 岁的时候，我在主日学校获得了奖牌，必须在集会时上台领奖并向校长致以感谢。我上台领了奖牌，并向校长致谢，但是当我回到座位上坐下时，我的一个朋友问，"你为什么哭呢？"因为我特别担心在公共场合露面，所以我双眼周围直冒汗，看起来就像哭了似的。

我还患有严重的社交恐惧症。我害怕看见新同学，害怕和领导谈话，尤其是害怕看见女同学。当我五岁半时，我对女孩子特别感兴趣，那时我疯狂地爱上了一个邻家女孩。当她从我的生活中消失后，我几乎每年都会迷恋于我们班最有吸引力的女孩。疯狂的痴迷，那是一种强迫症似的爱慕。无论我是多么爱慕这些女孩，不断地想着与她们交往——实际上，我一直都是这么想的，有时会持续想上几个小时。但我从来不会跟她们说话或试图接近她们。我很腼腆，只会闭着我的大嘴巴，战战兢兢坐在离她们很远的地方，贪婪地看着她们，没有任何言语交流。我很害怕，如果我接近她们并尝试友好地和她们交谈，她们会了解到我的缺陷，然后毫不留情地拒绝我，让我自惭形秽。实际上，我并没有看见自己被拒绝后无所遁形的样子，但离那种情况也差不多了！

19 岁之前，我从来没有真正接近过任何我所爱慕的女性。每年大约有 200 天，我都会去布朗克斯植物园，那是一个很有趣的地方，就在我家附近。我会坐在长椅上或坐在草地上看书，同时寻找有吸引力的女性（包括各种年龄段的女性），希望与她们搭讪。但我从来没有接近过她们或跟她们说过一句话。我会坐在布朗克斯河畔主干道附近的一条石凳上，当有一个女孩或一名成年女性坐在另一个离我约 10 英尺⊖远的长凳上时，我会立马向她看去（那时的我对所有的女性都很感兴趣，百分之百地感兴趣），有时她也会看我一眼。我会一直偷偷地看她，显而易见，我是想跟

⊖ 1 英尺 = 0.304 8 米。

她搭讪,她通常会做出一些回应。可以肯定地说,其中有一些女性对我很感兴趣,要是我走近她们,开始与她们交谈,想必她们会很快就接受我。

但我永远也不会!我总是畏畏缩缩的。我给自己编造了千万个理由——她太高了或太矮了,年龄太大或太小,太聪明或太傻。我总是能找到各种借口,并使自己的畏惧感合理化。所以,我从未跟她们中的任何一个人说过话——不管她们对我如何感兴趣,也不管我是如何易于被她们接受。然后,当让我激动不已的女性终于起身走开时,或我不得不起身离开时,我会咒骂自己太笨、不敢接近她们、不会去尝试。由于这种畏畏缩缩的心态,我狠狠地诅咒了自己一番,并下决心去尝试,真正去尝试接近下一个合适的目标。但我最终还是没有去做。

我是如何克服公开演讲焦虑症的

在我 19 岁时,我决定克服自己的焦虑症。首先,我决定摆脱对公开演讲的恐惧。当时,我积极投身于一个政治组织,那是一个自由党派,我担任该组织的青年领导人。这只是一个小型组织,几乎所有青年成员都是我的朋友,所以面对这十几个人说话对我来说没什么可担心的,我也不认为那是一种公众表现形式。另一方面,我还要到其他组织和团体中作演讲,向他们宣传我们的社团,说服他们加入我们。作为一名青年领导人,我应该是组织中的公共宣传员。但我害怕担任这一角色,所以我拒绝了很多邀请,这些邀请主要来自我们团队中的成年部门——美国新生一代,他们管理着青年部门——美国年轻一代。像往常一样,我临阵退缩了。

代表美国年轻一代发表公共演讲的压力一直持续着,最终我屈服了,并决定去克服这种公共演讲恐惧症。我之前曾阅读过大量有关哲学和心理学的书籍,未来某天我也会写一本有关人类幸福心理学的书籍,我对这方面有着浓厚的兴趣(这可归因于我的焦虑症)。基于那些年(1932 年)的著作，我也对如何克服焦虑感和恐惧感有了自己的想法。我曾读过一些伟大哲学家的著作，如孔子、释迦牟尼，他们在所著的书籍中都曾提及过怎样克服焦虑感。另外，我还特别注意到一些古希腊和古罗马哲学家也曾提到过焦虑症，如伊壁鸠鲁、爱比克泰德和马可·奥勒留。因为那时哲学是我的一个业余爱好（从16岁起），我曾关注过许多现代哲学家，如梭罗、爱默生和罗素，他们的著作都曾涉及如何应对焦虑感。此外，那时我还读过许多现代心理学家的作品，如弗洛伊德、荣格、阿德勒，他们对如何克服焦虑感也很感兴趣。所以不管是从哲学上还是从心理学上来说，我都已经做好准备了。

我还读过行为学家约翰·华生的书籍，他早期的实验旨在治愈儿童的恐惧症和焦虑症。华生和他的助手以七八岁的孩子为实验对象，这些孩子都非常害怕动物（如老鼠或兔子），他首先将这些令孩子们感到恐惧的动物放在远处，之后，又放在离孩子们较近的地方，同时，华生和这些孩子聊天，转移他们的注意力，然后一点点地将这些动物向孩子们移近。你猜发生了什么——大约20分钟后，孩子们就不再害怕了，并开始抚摸这些动物。这种反条件作用，也被称为现实脱敏法，有着显著的效果，经过几次试验后，他使孩子们摆脱了那种极端的焦虑感和恐惧感。

"好吧，"我对自己说，"如果这种方法对小孩子都有效果，应该对我也有用，我也要试一试。"

所以，我一生中首次不再去逃避公众演讲。每星期，我至少会组织一次演讲活动，我会公开介绍我们的组织：美国年轻一代。我向自己保证不管上刀山还是下火海，我都要进行演讲。虽然我仍然像以前一样会害怕，特别是最初几次演讲让我感到极其难受。但是，基于以前阅读所知以及我自己的理解，我知道这些不适感不会产生什么致命的后果。我也想象过可能会发生一些可怕的事情，观众会嘲笑我，台下会发出一片嘘声。我想象过一切可能会发生的事情。我的演讲也许会很糟糕，也许观众不会相信美国年轻一代是独立战争之后美国最大的政治团体，最糟糕的情况可能是很少有人会加入我们。那种情况真的很糟糕，但却不是不可挽回的。

换句话说，我进行了理性自我对话，主要是受到众多哲学家的启发。我将自己置身于我最害怕的情况中，起初我会感到不适，但之后的十周内，我强迫自己不断在公共场合讲话。这种方法起作用了！由最初的极度的不适，到之后这种症状有所缓解，最后，让人惊讶的是我的不适感消失了。以前我会心跳不已，浑身冒汗，讲话时还会结结巴巴的，之后，这些症状逐渐得到缓解。我学会专注于演讲的内容——美国年轻一代是怎样伟大的一个政治团体，不再考虑我在演讲时的表现以及当我要演讲时我是多么的焦躁不安。出乎我的意料，我发现我的演讲进行得很流畅，就像通常情况下，我跟一个人或一群朋友讲话时一样，一点儿困难都没有。其实，我演讲一点儿问题都没有，但是我患有焦虑症，我只是非常害怕在公众场合发言。我的声带和我的语言能力一直很正常，现在经过锻炼，这些能力变得更加完美了。

我强迫自己，强迫自己在公共场合讲话，无论会产生怎样的不适感，我会一直坚持下去，直到这种不适感消失，而且我也开始享受这种感觉，这种经历给我留下了深刻的印象。这也是九年后我决定成为一名心理治疗师的主要原因之一。当我第一次公开演讲时，我对治疗师这一职业一点儿兴趣都没有，我一心想成为一名作家——我也许会写关于人类幸福的话题。也许，我之所以会有成为一名作家的想法，只是因为作家不必在公众场合讲话。不管怎样，我是不会对治疗师感兴趣的，我只是想成为一个没有什么焦虑感、更加乐观积极的人。没过多长时间，我就实现了这一目标。我完全不会再对公开演讲感到焦虑了——我完全克服了自己的恐惧感。既然我克服了公开演讲的焦虑感，我在其他方面也不再那么焦虑了。

一直以来，我都不得不去完成一些任务，不得不去获得成功——在学校、体育课上、形象上以及其他一些重要的方面。我努力去获得成功，并且我发现我总能获得成功。我努力地学习、做功课，在学校能与他人相处良好。当然，我还是会为这些事情而担心——因为我要求自己必须获得成功，必须成为一个有价值的人，但是总会有失败的可能性。这是多么让人担忧的一件事呀！——让人焦虑不安。

既然我意识到我在公众面前会感到不适，有时甚至会表现欠佳，为了避免自己陷于这样的处境，我决定不再过多地去关注于成功。虽然我还是想获得成功，但成功对我来说已不是绝对必需的了。

我是怎样克服社交焦虑症的

为了考验自己，我决定进行我生命中的第二大实验：尝试摆脱我的社交焦虑症，尤其是怕遭到令我心动的女性拒绝的那种焦虑感。这种焦虑感一直困扰着我的生活，比公共演讲焦虑症更严重。在这里重申一点，我过去一直的目标是成为一名作家，这样我就可以尽可能地避免在公共演讲中露面。但是，如果要继续保持我对女性的兴趣——我确实打算继续保持这种兴趣，而我却无法接近那些令我心动的女性，不能跟她们进行对话，这自然会在很大程度上限制这种兴趣的发展！我也许会在我朋友和亲属的帮助下来跟这些女性见面，因为我是不会独自一人去见这些女性的。真是令人头疼！

因为想到我成功地克服了公开演讲焦虑症，我决定利用同样的方法来克服我的社交焦虑症。在我即将返校攻读大四课程之前的那个八月，我给自己布置了一个有意义的家庭作业，就是每天都要去布朗克斯植物园。我会找陌生的女性聊聊天，不管这样做会让我产生什么样的不适感。我会在公园里散步，直到我找到合适的聊天对象。如果她独自坐在一条长凳上，我会立刻走过去坐在她旁边。不，不是坐在她腿上，而是坐在她旁边，就在她坐的那条长凳上（而不是别的长凳上）。以前我不敢这么做，因为我怕她会拒绝我并立刻起身离开。但现在这些事情做完之后，我就会做以前我一直回避的、我最害怕做的事情：我想给自己一分钟来跟她交谈，这一分钟不再像以前那样糟糕。不管结果如何，我一定要尝试！我要在一分钟内开始跟她谈话，不管会产生怎样的不适感，也不管她会对我有什么样的看法。这就是我给自己布置的一个有意义的家庭作业。为什么说有意义呢？因为如果我立即采取行动跟她说话，而不是一直等待，我想我会变得不那么焦虑，我也会克服那种焦虑感，和她发展的机会可能也就越大。

我确实是这么做了。每当我看到有一名女性独自坐在公园的长凳上时，我就会立即——不容任何质疑，坐在她旁边的长凳上，无论我会产生怎样的焦虑感。我不会再找任何借口，无论她多大年纪，不管她是高是矮，等等。没有任何借口！我强迫自己坐在她的旁边，虽然会感到不适。有时我一坐下，许多女性连忙起身走开了。总而言之，整个八月我接近了130多名女性，并紧挨着她们坐下。其中有30名女性（几乎1/4的人）立即起身走开了。真是让人失望！但是还有100多人没有走开——这些人就成了我的锻炼对象！

我丝毫没有气馁，我按计划跟余下的这100多名女性聊天。我聊到花儿、树、天气、鸟儿、蜜蜂、她们正在阅读的书或报纸——我会聊到任何事情，就是为了与她们闲聊，不会涉及任何需要动脑筋的话题，不会涉及任何私人话题。我不会评论她们的容貌，或者任何其他可能让她们介意并转身离开的话题，我聊的只是100多个普通的话题。

这100多名女性确实回应我了，有些聊天很简短，有些则会持续一个小时或更长时间。我很快就和她们中的大部分人七嘴八舌地闲聊起来。当她们看上去愿意跟我沟通时，我就会问问她们的工作、她们的家庭、她们的生活安排，以及她们的爱好、兴趣等。这都是一些很平常的对话，就像我是经别人正式介绍与她们认识的那样聊一聊。

至于我最初跟她们聊天的主要目的——跟她们约会、定期与她们见面、同她们上床、和其中的一个人结婚，这些都荡然无存了。我已完全没有这种心思了，我只跟和我聊天的这100多名女性中的一位约会过——而那名女性最终却没有赴约！她跟我聊了两个小时，离开时她还跟我吻别，并答应当天晚上和我在公园里再见面，但她却一直没有再露面。我真是笨极了，竟忘了留她的电话号码，所以我再也没有见过她。多么悲剧！太令人失望了！但我还是顺利地度过了那段时光。此后，每次见面和约会时，我总不忘向她们要电话号码！

在那个月我遭到百余名女性的拒绝，我完全摆脱了社交焦虑症，尤其是在陌生的地方遇到陌生的女性时，我也不会再感到恐惧了。因为我认识到这些拒绝并不会产生任何可怕的后果，和我交谈过的女性中没有人会伤害我，也没有人会呕吐着跑开，当然也没有人会打电话叫来警察。我以前常常会想象可能会发生什么可怕的事情，但实际上什么也没发生。相反，我和许多女性聊得很愉快，我很享受跟她们聊天的感觉，我还了解了许多以前不知道的有关女性的事情，我的不适感逐渐得到缓解，我也不再害怕与她们交谈了，而且还发生不少好事儿。最重要的是，我几乎立刻就克服了接近女性的恐惧感。在以后的生活中，每当我在公园、火车上、机场和其他公共场所见到女性时，我就开始主动跟她们聊天，而且还和上百位女性约会过。即使现在大多数女性会拒绝同我谈情说爱或同我结婚，我也已经不再感到害怕了，我最终还是永远地摆脱了社交焦虑感。不入虎穴，焉得虎子！我摆脱了因不擅长与女性聊天和怕被拒绝所产生的恐惧感！

现在，你明白为什么我如此确信人们可以在焦虑控制他们之前控制它了吗？正如我在本章的标题中所指出的，这是因为我已经在公开演讲和社交焦虑方面深入实践过了，我并没有向包括心理医生在内的任何人寻求帮助。事实上，我已经通过自己的经历学会了如何控制我的焦虑感。作为一名治疗师，在过去的54年间，我还教导了成千上万的人如何控制他们的焦虑感。此外，我还从克服焦虑感的经历中总结出了自己的治疗理论，这些年来，我一直在践行着这种理论。如果我从未有过这种经历，很可能就不会开创出理性情绪行为疗法。我知道我一直对很多事情都会感到焦虑，但现在我很难让自己紧张起来，即使在最糟糕的情况下，我也不会担心，这种经历同时也激励着我用自己的治疗理论和实践来帮助他人。

最重要的是，我完全依靠自己的力量克服了那种看似坚不可摧的焦虑感。可以肯定的是，我借鉴了许多哲学家和治疗师的作品，并从他们身上学到了很多东西。我还借鉴了约翰·华生的实验，他不仅是一位真正的治疗师，而且还多次尝试过治疗实验。基于这些可用资源，我强迫自己忍受痛苦——这让我感到各种不适，我让自己意识到焦虑和恐惧是多么的无济于事，坦白地说，我现在已经成为世界上最不容易惊慌失措的人。自19岁以来，我身上发生了许多不幸的事情，但那都是65年前的事了。虽然我仍会担心我做得是否够好、是否能完成这些事情、是否能赢得某些人的赞同、是否能舒适地生活，但是当不好的事情发生时或可能会发生时，我会告诉自己不要担心、不要遗憾、不要失望，实际上，我也从未焦虑、抑郁或愤怒过。

换句话说，作为一个易于感到不安和易受干扰的人，我已经使自己转变为一个几乎不会为任何事情感到担忧的人。正如我那本广为流传的著作里的标题所示，我顽强地抵制了所有让我痛苦不堪的事情——所有事情。

不管怎样，我还是坚持认为我主要是靠自己的力量做到这一点的，我没有进行过或接受过治疗，也没有什么团队给过我支持，亲戚朋友也没给我提供帮助，更没有人迫使我去做这些事情。自那时起，我的焦虑感明显减少了许多，而且我也一直保持着这种消除焦虑的做法。

另外，在此期间我还成为了一名著名的心理治疗师，而且可以说我的客户比国内任何一个治疗师的客户都要多。我开创了一种心理疗法，这种心理疗法颇受欢迎，并广为传授，同时在实验研究中也已被证明具有不同凡响的效果。这种心理疗法以不同的方式得到了其他心理治疗系统的疗效——改变人们自我封闭的想法，并引导人们尝试去做他们害怕做的事情。

其中最值得一提的是理性情绪行为疗法（REBT）和认知行为疗法（CBT）。理性情绪行为疗法是我在 1955 年开创的，认知行为疗法也是一种类似的心理治疗方法，是我于 20 世纪 60 年代开创的，这两种心理治疗方法堪称是最有效的自助式心理疗法。数以百计的书籍和材料都曾借鉴过理性情绪行为疗法或与之极其类似的方法，以向读者和听众表明如何帮助自己克服严重的抑郁、焦虑、愤怒、自卑等情绪。因为这种自助式疗法通俗易懂，所以几乎任何人都能理解它。只要你有决心，只要你愿意克服个人困扰，并承受这种疗法所带来的痛苦，那么这种疗法绝对有效！

就我个人以及成千上万个使用过理性情绪行为疗法和认知行为疗法主要治疗方案的人来说，我确信，你只要读过本书，就完全可以在焦虑控制你之前先行将其控制。当然，我不能向你保证，使用过理性情绪行为疗法和认知行为疗法之后你就能根除自己的焦虑症；但是只要你持之以恒，你就很有可能获得成功。我自己也体验了这种方法，起初没有什么太大作用，但后来经过 50 多年的研究和实践，现在的疗法比以往任何时候都要行之有效。如果你仔细阅读之后的章节，你也可以自行体验这种疗法。

你是否会经常在很多场合对许多事情感到焦虑呢？没错，几乎所有人都会这样。你能否换种方法来思考或工作以减轻你的焦虑感呢？没错，几乎所有人都能。你是否会采用我以前用过的思想和行动来减轻你所有的焦虑感呢？尝试一下理性情绪行为疗法和认知行为疗法，你就能看到效果！

How to
Control Your Anxiety
Before It
Controls You

第2章

焦虑是什么，它是如何控制你的

不管你是否相信，焦虑确确实实是一件好事。焦虑有助于你保持活力、舒服地生活，而且还有助于你保持人类的特性。"正常"的人生具有欲望、期望和目标，你也一样。如果你没有焦虑感，完全不在意如何去实现这些愿望，你就必须要容忍各种令人不悦的事情——如缺乏成就感、他人的反对、危险的追求、他人的攻击甚至试图谋害你，你也不会采取行动来抵御或逃避这些事情。焦虑主要是指一系列不安的情绪和行动倾向，焦虑让你意识到不愉快的事情——不合预期的事情将要发生或可能发生，它会警告你最好采取一些必要的行动。因此，如果你即将受到攻击而又不想受到伤害时，你可以采取多种选择，如逃跑、击退攻击者、向潜在的保护者寻求帮助、呼叫警方、跟攻击者沟通以抵御他的攻击等。但是，如果你没有产生担忧、警惕、焦虑、紧张、谨慎、警觉或惊慌失措等情绪，你也许不会采取任何行动。也许，你会觉察到这种攻击潜在的危险性，但你会对此无动于衷。

同样，如果你认为你有失业的危险，而你又很想保住这份工作，要是失去了这份工作，你通常会感到担忧或焦虑，你也许会采取以下一种或多种行为：为保住工作而跟你的老板沟通、更加努力地工作、让朋友为你说情，或者寻找另一份工作、打算自谋生路、接受更多的教育或培训等。

这么说来，焦虑源于你对某些事物的欲望，你意识到自己可能会失去它，或你不希望发生一些可能会发生的事情。如果你完全没有任何期望、欲望或希望，那么不管发生什么事情，你都会漠不关心，你也就不会产生焦虑感。那么很可能你也将命不久矣，因为生活和生存在很大程度上取决于你对生活的渴望，你希望去避免任何可能导致你死亡的剧烈疼痛、不适、麻烦和争执。为了生存，你必须具备一定的机能——尤其是呼吸和饮食，你必须要保持一种舒适感。因为如果你浑身不适——如持续疼痛或长期了无生趣，你就会失去活下去的动机，这时候你会宁愿死去。

事实上，几乎所有人都会有目标。他们渴望继续快乐地生活下去，不要有任何痛苦。也许会有一些例外，但这种人也是寥寥无几，而且这些人的寿命不会很长。因此，正是人们对生活的担忧或焦虑以及不想有痛苦和麻烦的想法，才使得他们活跃在这个世界里。即使是不能照顾自己的幼儿，也会努力去生活、去享受、去减少痛苦。这些就是焦虑产生的结果。

不幸的是，焦虑感种类不一、程度各异，其中一些是不健康的或具有自我破坏性。健康的焦虑，如担忧、警惕、慎重，正如上文所提及的，能帮助你得到你想要的东西，尤其是能帮助你避免使你得到不想要的东西，因为你不想要的东西也许会给你带来致命的危害。因此，焦虑在某些情况下是有益的，如当你过马路时、以正常的速度驾驶时、远离有害的食品时以及避免夜间（甚或白天）在不安全的环境中行走时。

健康的焦虑可以维持生命的存续。但是，焦虑往往是不健康的，我将在后文中予以详细说明，不健康的焦虑具有破坏性，会有损你的根本利益。我们以过马路为例，如果你的焦虑感是健康的，你走路时会留心，会注意到红绿灯和那些闯红灯的车辆，你会快速地穿过马路，而不是像蜗牛一样慢慢行走。这是一件好事！

但是，如果你过马路时过分担心自己的安危，你的心怦怦乱跳、你的四肢战栗不已、你的眼睛左右张望，这就是一种严重的焦虑症，如果你患有这种焦虑症会发生什么事情呢？极有可能你会疯狂地穿过马路，或跌倒在马路中央，或看向相反的方向，或因胆怯而拒绝过马路，或做出其他一些最终会导致意外的疯狂行为。急性恐慌事实上也是一种焦虑症——这是一种有害的焦虑症，这种焦虑症通常弊大于利。

同时，一些不会产生人身危害的恐慌也是有害的。如果你认为你可能会失去你的工作，你感到非常害怕然后会陷入这种恐慌的状态，你很可能会因为这种恐慌而采取下列行为：拼命地跟你的老板交谈，告诉他你非常恐慌；不管你是否真会失去工作而直接辞掉工作；太担心而不愿去找第二份工作；找到了一份新工作却害怕还会失去这份工作，以及许多其他愚蠢的事情。这些事情不会有助于你保住这份工作，也不会有助于你在新的工作中表现更好。担忧可以使你保住你现在的工作，或有助于你找到一个新工作；恐慌则完全可能破坏你现在和以后的工作。这就不是什么好事了！

健康和不健康的焦虑感

说了这么多，其实我的主要观点是：健康的焦虑或担忧可以维持生命的存续，并能产生一些有益无害的结果，但是不健康的焦虑可以轻易将你摧毁。实际上，健康的焦虑或谨慎，能让你学会控制自己的情绪，并能让你以一种高效的方式来应对危险或困难的状况。不健康的焦虑或恐慌则完全相反：它会使你丧失自控力，在面对风险和问题时也会因此应对不佳，甚至有时会产生极其严重的后果。健康的焦虑症包括谨慎、警惕和抵制潜在的危害等情绪。不健康的焦虑症包括恐慌、惊骇、震惊、恐惧、战栗、哽咽、麻木以及各种使你置身于警戒状态的身心痛苦，可以肯定的是，你会警惕一切潜在的危险，但通常情况下这会干扰你应对危险的能力。我将通过本书不时向你说明健康和不健康的焦虑感以及其他健康和不健康的感情、情绪之间的差异。

本书中所述的心理治疗理论与实践指的是理性情绪行为疗法（REBT），这种疗法与其他疗法截然不同，因为它对健康的消极情绪和不健康的消极情绪进行了明确的区分，健康的消极情绪是在生活中发生不顺心的事情时产生的，包括悲伤、遗憾、无奈和烦恼的情绪；不健康的消极情绪是在同样的不顺出现时产生的，包括恐慌、抑郁、愤怒、自贬、自艾自怜的情绪。我将在后文就此做出论述。现在，让我们回到潜在的焦虑情绪这一话题上。

健康的焦虑或担忧几乎都是因现实或理性的恐惧而产生的。因此，如果你想要穿过一条没有红绿灯且车流量大的高速公路，你将会产生一种现实恐惧感：你也许会被汽车撞倒，也许会受伤或死亡。为什么呢？因为这种可能性很大，实际情况就是如此。

同样，如果你有一个好工作，但你上班总是迟到，还说上司或老板的坏话，每天只做少量的工作，你会产生这样一种现实恐惧感：你将被降职或解雇。要真是如此，这种可能性很大！

现实的或感官上的恐惧源于你对事物的观察，你也许会发现，如果你以某种方式行事，糟糕的事情甚或破坏性的事情都可能会发生，而且这种糟糕的事情发生的几率确实很大。如果你恶劣地对待对你怀有敌意的人，他们很可能会伤害你。当心！现实的恐惧告诉你：如果你按某些方式行事，一些有害的事情可能会发生。如果你不希望这种情况发生，这种恐惧感可能会适时地对你发出警告。

然而，有许多恐惧感完全是不切实际的，也是不合理的。假设你走在人行道上，你害怕车辆会冲过路缘并撞向你；或者假设你工作进展得很顺利，经常受到表扬，老板不时会给你升职，但你却非常害怕上班迟到，哪怕迟到一次也会非常不安；或者你会害怕，要是你在工作中犯了错误，老板会毫不留情地将你解雇；或者假设你不敢乘电梯，因为你感觉你很有可能会窒息，也许电梯会掉下来，你会被摔死；或者你会被困在楼层之间，几个小时甚至几天都出不来。这些都是不切实际的恐惧，因为这些情况都是不太可能会发生的，这种几率微乎其微——可以说是百万分之一，而你却在意识上放大了这种可能性。

人类真是不幸，他们往往会编造一些非理性的恐惧，自己吓唬自己；而为了应对这些恐惧感，他们还会做一些非常愚蠢的事情。因为这种疯狂的恐惧感，他们很可能会拒绝走人行道，因为他们认为人行道太危险了；或者这些人也许会为他们的工作而恐慌，甚至会辞去工作，即使他们干得很好，老板也很器重他们。或者他们可能会完全远离电梯，天天走楼梯，上上下下20多层就是为了避免乘电梯，无论是在家里还是在工作场合，他们都会如此。

即使是在没有危险或危险性很小的情况下，不健康的和不切实际的恐惧感往往也会导致巨大的焦虑情绪。几乎所有人都会有一些恐惧心理，因为这些恐惧心理，他们愚蠢地为自己的生活设下种种限制。因此，有些人不敢乘电梯或自动扶梯，不敢坐火车，而实际上他们会受伤的几率微乎其微；或者，他们害怕下级不认可他们，他们害怕这些人虽然不赞同他们但是什么也不说，也不会采取任何行为；或者，因为他们被喜欢的人拒绝过，他们认为世界上所有他们喜欢的人无疑都会拒绝他们；或者，他们认为，无论出于何种原因，如果他们失去了一份工作，他们以后将会失去所有的工作机会，他们永远也不会找到或维持一份好工作。

这些非理性的恐惧感非常常见，实际上，即使有的人在某一方面（如竞聘工作）无所畏惧，他也会对其他方面（如寻找伴侣）产生强烈的恐惧感。这些非理性的恐惧感是如何产生的呢？我们接下来将就这一问题和如何不让这些恐惧感控制你做——说明。但就这一点，我主要想强调的是，很多人甚至大多数人都会存在这些非理性的恐惧感，大多数人会受制于这些非理性的恐惧感，并因此过着糟糕至极的生活。有些人甚至会因为这些不切实际的恐惧感而伤害自己——例如，他们过马路时会感到恐慌，即使面前就是红绿灯，而且还有交警维持秩序，他们仍然会感到恐慌，并因而跌倒在一辆行驶中的汽车面前。

你如何区分健康与不健康的焦虑感以及理性与非理性的恐惧感呢？我们还是要通过现实审查和概率定律来进行说明。例如，当你忽略已知事实时——你认为电梯是危险的，尽管人们一直在乘电梯，而且实际上他们从未受过伤害，也从未发生过死亡事件，你这就是自找麻烦。但如果某些事情确实是危险的——如以每小时 100 英里的速度开车，最终事实会向你证明这种行为的危害性。

其次，不切实际的恐惧是一种夸大或以偏赅全的想法。因为你可能会听说有人被电梯困了三个小时，你可能会误以为——这种事情很容易发生在任何人身上，包括你在内。因为有几个人被他们喜欢的人拒绝了，以后再也没有找到伴侣，从而你就确定——如果你被拒绝了，你最终也将孤苦一生。实际上，你夸大了这些风险和其发生的可能性。

最后，你将事物武断地区分为黑色和白色，中间不存在任何灰色地带。因此如果你失去了一份相当不错的工作，你会感到非常糟糕，这是一种完全黑色的心理。实际上，在接下来的一段时间内，你会享受一定的失业保险；你可以利用失业的这段时间来接受更多的职业培训；你甚至可能会找到一份更好的工作。

换句话说，不切实际的焦虑主要源于不正确的夸张性思维——人们通常都会产生这种思维。正如我们在本章开头所介绍的，因为焦虑能够保障欲望的实现，你往往不仅会为危险和损失而感到担忧，还会产生一种过分担忧或恐慌的情绪。令人遗憾的是，这种恐慌会干扰你的行动——阻止你安全地穿过马路，或阻止你更有效地工作。实际上，这种情绪会给你带来许多"灾难"。因为担心会受到损失或遇到危险，你会使自己陷入一种混乱不堪的状态，然而这都是你自己造成的。

为什么会出现这种情况呢？很可能是因为你那种自我保护性的焦虑感有点过度，因而弄巧成拙了。因此，虽然概率很低，你还是会相信电梯会掉下去，或者你会被困在楼层之间几个小时。你不会去冒险尝试那微乎其微的几率，你害怕那些情况会发生，所以你以后都会杜绝乘电梯。真蠢！但是对你来说，绝对是一种保护性的行为，只不过这种行为有点儿过分了！

进化也许也是其中的一个主要原因。几万年前生活处处充满危机，焦虑感在那时就已经在我们的大脑、内心和行动中存在了。与大象和犀牛相比，人类是一种薄皮动物，很容易受到伤害甚至被杀死。因此，不管在过去那些日子是好是坏，为了生存，我们必须保持着那种焦虑感。

因此，自然之母不仅赋予了我们谨慎和忧虑等情绪，同时还赋予了我们一种极度的焦虑感；在很久以前，这些情绪也许会保护我们免受更强大、更凶猛的动物（更别提其他人类）的伤害。如今，我们不再需要这种极度的焦虑感了，但它仍然存在于我们体内。因此，当我们在现实生活中遇到危险时，不仅会产生谨慎和担忧的情绪，而且还会为想象中的危险或微不足道的危险而感到极端的焦虑和恐慌。

实际上，几乎我们每个人都很会产生现实和非现实的焦虑感以及理性和非理性的恐惧感。在面对风险和危险时，我们很容易会保持警惕，并为此担忧，同时我们也很容易变得过度担忧和恐慌。理性情绪行为疗法将向你说明如何保持健康的情绪以及尽可能消除不健康的情绪。因而，你就能学会控制自己的焦虑感，而不会任由这种情绪将你控制。

为了帮助你认识到你是否存在焦虑情绪，我在表2-1中列出了这些情绪。此表描述了一些常见的焦虑症状。当你感到焦虑时，也许会产生其中的一种或多种症状。当你担忧时，也可能会产生其中一些症状，但通常程度较轻。

表 2-1
一些常见的焦虑症状

呼吸和胸闷症状	胃肠道症状
呼吸短促	食欲不振
呼吸加快	恶心、反胃
呼吸低浅、喘气	腹部不适、疼痛
胸闷	呕吐
喉咙有异物感	
有窒息感	
口吃	
皮肤反应	**肌肉症状**
出汗	颤抖、震颤、眼睑抽搐
瘙痒	坐立不安
冷热性敏感	惊吓反应
脸色红胀	踱步
	双腿颤抖
	身体僵硬
心脏和血压反应	
心跳加速	
心悸	
头晕或昏厥	
血压升高	
血压下降	
失眠	

表 2-2 列出了一些你可能会担心的事情或情况。该表并没有列出所有情况，你还可能会为一些不同寻常的事情感到担忧，也许其他人不会为此担忧，而你则会。

表 2-2
你可能会担心的事情或情况

焦虑	恐惧
社交	社交场合
公开演讲	公开场合
求职	封闭场合
本职工作	高度
体育运动	火车
教育课程	汽车
创伤性事件	电梯
创伤后压力综合征	动物
医疗环境	桥梁
物质引起的焦虑	隧道
饮料或药物	
强迫症	
口吃	
感觉性焦虑症状	
焦虑表现	
恐慌感或恐慌表现	

当你感到焦虑时，尤其是当你经常为某件事情感到焦虑或产生强烈的焦虑感时，请留心你遇到的标志物，然后请记住你通常会担心的事情或情况，但是不要让自己为潜在的焦虑而担心。你发现你会为这件事情或其他事情感到"焦虑"，而实际上这是一种正常的和健康的担忧情绪。

How to
Control Your Anxiety
Before It
Controls You

第3章

焦虑是你制造的，你也可以消除它

幸运的是，大多数严重的或不健康的焦虑心理都是自我塑造的，更加值得庆幸的是，你完全有能力去消除或缓解这种焦虑心理。正如我们之前曾指出的，你天生就具备一种担忧或焦虑的倾向，你最好不要将其完全消除，否则就会有生存的危险。你也可能是在后天环境的培养中塑造了这种焦虑倾向，因为你的愿望和目标很容易被许多危险的状况打断或阻止，如疾病、意外事故、他人的反对、殴打、虐待、强奸、股市崩盘、战争以及一系列其他的困难。事实上，正是因为你的生活中会出现许多麻烦的事情，所以它们也许很容易就会对你的期望和乐趣造成干扰。也就是说，你天生就注定要保持警惕，焦虑应该被视为你的一种保护形式。

因此，作为人类，以下两大因素导致了你的焦虑倾向（正如我们在第2章中所指出的，这是一种健康的倾向）：第一，你的生物机能，或者谨慎和警惕等遗传倾向；第二，生活中的一些环境因素，这些环境因素会阻挠和遏制你的欲望，你会为此而担忧。此外，作为人类，你一出生，就会被赋予一定程度的选择权和决定权。你可以做出决定，也可以在两种形式的活动中自行选择一种。虽然可能会受到生物机能和环境的限制，但是你是一个有自我决策权的个体，因此你可以自行做出选择。

这就意味着，你可以决定去这样做或那样做。当你想要得到更多，或不想要得到某件事物时，你会去猜测哪条道路最适合，当你沿着这条道路往前走时，你就会发现，什么是"正确的"，什么是"错误的"——也就是说，什么有助于实现你的目标，什么会阻碍你的前进。但是，当你面对选择时，你几乎不能确定哪条是最适合自己的道路，在前行的过程中你很容易犯错误，因为你完全不知道前行的过程中会发生什么。道路本身也是变化多端的。

因此，作为人类，你总是会有些疑问。你几乎不知道——即使你认为你可能知道——什么是"正确的"，什么是"错误的"。你必须自己去经历，你要承担一定的风险，最终你才能发现"正确的"道路。但是，因为你知道自己想要什么，不想要什么，你知道自己要去寻找"正确的"道路，只是你没有十足的把握，也没有一些固定的规则供你遵守，以确保你实现这些目标。你的存在本身就是一个不确定事件，充其量只能说你是一种随机产物。你认为你知道正确的道路，但你不会有十足的把握。这主要是因为你有一定程度的选择权：你可以选择自己的目标或意图，你也可以选择如何去实现这些目标。这就是为什么存在主义者会谈到"生存焦虑"，选择会让你产生疑虑和不确定性心理。因此，你总会有不同程度的焦虑感——这在很大程度上意味着，你不确定你的选择会产生什么样的结果，你会希望自己能知道什么是正确的或错误的选择，但你永远也不能绝对确定到底哪个是正确的，哪个是错误的。

自然而然，焦虑、怀疑和不确定性都是人类生存环境中的一部分。你不可能完全摆脱担忧心理，但是如果你真正了解这些不健康的心理是如何产生的，而且如果你能采取一些不同的措施——能够产生一种健康的谨慎心理，你就可以减少许多不健康的、夸大的成分。

正如我们之前曾说的，你的焦虑心理源于一种生物因素，其中包括许多先天性倾向：产生一种愿望，找出一些可能会有助于你实现这些愿望的选择，冒险做出选择，然后变更并改变这些选择。所以，你可以说是一个天生的抉择者，你天生就具备焦虑倾向——那是一种强烈的倾向。然后，如上所述，第二个重要因素出现了：你所居住的环境，你周围的人们和事物，这些都会帮助或阻碍你实现这些欲望。如果这些人与事是"有益的"，你就会得到你想要的，而避免经历那些你不想要的，你几乎不会产生什么焦虑或抑郁心理。但是，如果这些人与事都是"有害的"，你将得不到你想要的，你会经历许多你不想要的，你的焦虑和抑郁情绪也会增加。

不幸的是，在这两大容易导致潜在焦虑心理的重要因素面前，你束手无策。你不能轻易地改变你的生物机能——你是一个独一无二的人类，有着各种品质、特征和爱好。然而，这些遗传特性也不是完全一成不变的，你可以（经过不懈努力）改变其中的一些品质和习惯。但是，你只能做出一定的改变，而且往往会遇到很多困难。你不得不去接受并适应有些特征——这是你的"天性"。要想改变这些特征，绝非易事！

至于环境、伴随你生长的以及与你共同生活相处的人和事，你也只能在一定程度上改变他们。你可以在选举时参与投票——但你不能完全改变政局。你可以组织安排一件困难的工作、新的居住区、不同的伴侣和许多其他环境因素，但你不能完全改变它们，而且往往丝毫不能改变！你往往会受到这些不太容易发生变化的人与事的牵绊——这些人与事会阻碍你实现你的欲望，给你带来你不想要的东西。

所以，当你感到焦虑时，比如说，为赚更多的钱而焦虑，你的基本技能和天赋是不容易改变的（如学习会计学的能力或绘画的能力，要是你具备绘画的天赋，你还能当上一名艺术家，并以此谋生）。环境因素（如会计和艺术领域的工作机会）也是如此，你可以在一定程度上改变这些事物——但改变也是有限的。

然而，幸运的是，你可以改变一些关键性的事情——适度的担忧和极度的担忧或焦虑产生的影响相差很大。在面对困境时，你还可以改变这些情况以使自己产生健康的担忧心理，而不是不健康的担忧心理。你会产生健康还是不健康的焦虑心理，主要还是取决于你自己的思想、感觉、行为。你也许会认为你的焦虑心理主要是受生物机能的控制，这种想法是不对的。或者，你也许会认为你的焦虑心理主要是受环境的影响——你的教养环境、童年的生活环境或目前环境中发生的事件，这种想法也是不对的。虽然这些都是一些重要的因素，都会导致焦虑心理的产生，但并不是所有因素都是关键的。第三个因素是你自己——你是如何思考的，你会有怎样的感受，你会做出怎样的行为。你自己很重要，你自身对焦虑的产生有着很大的影响，你自身决定着你会产生一种健康的或不健康的心理。

面试焦虑症示例

正如我在第 1 章中所说的，第三个重要的因素最初是由哲学家和思想家提出的。可以说大多数人都是浅显的哲学家：他们对各种形式的苦恼没有一个清楚的认识，他们往往会将问题归咎于发生在他们身上的一些事情。正如我们所指出的，这种想法有一部分是正确的。你想要满足一个愿望，但是当这一愿望受到阻碍，而你最近刚好因为以前发生过的事情而沮丧时，你就会将责任归咎于这件事。如果你去参加工作面试，面试官没有给你好脸色，而且你被拒绝了，你会对自己说，"面试官阻碍了我面试的成功"。然而事实是，你想要这份工作，你选择了你想为之效力的公司，你回答了面试官的问题，你觉得自己被他们拒绝了。因此，问题不在于面试官拒绝你，而在于你对这份工作的期望、你选择的公司、你给面试官的答案等。在这种情况中，你是必不可缺的一部分。如果你真的想要一份工作，你不会简单地仅仅去找一个"好的"面试官，你还要去找的是一个工作，找的是一个面试的公司，去参加面试，并做出其他各种事情来争取这份工作。当然，面试官发挥很重要的作用，但你的愿望、选择、行动和其他变量也发挥着很大的作用。你也许不太明白这些因素的作用，因此你也许就不明白为什么你没有得到这份工作。

找工作被拒后，你会产生一些情绪，这些情绪使你感觉更复杂、更不容易理解了。

你的目标或愿望是得到这份工作。在 A 点（不愉快事件），你遇到了面试官，面试官拒绝了你的求职。然后，在 C 点（后果），你因失去工作机会而感到沮丧，你同时还非常担心以后求职过程中会遇到类似的情况。因此，我们总结出 A（不愉快事件）和 C（后果）抑郁和焦虑。这样看来就清楚了，而且几乎所有正常人都会看明白，你会得出结论，A 导致 C 的产生——也就是说，不愉快事件导致了抑郁和焦虑的产生。

然而，这种想法是片面的，实际上，这种想法会让我们陷入一种困境。每当发生不愉快的事情，我们因此而感到焦虑或抑郁时——每当发生有违我们意愿的不愉快的事情时，没有谁会说他感觉很好，我们很快就会得出结论，这件不愉快的事情 A 导致了焦虑或抑郁等消极情绪 C，因此，一定是 A 引起了 C。这点很正确，因为要是 A 没有发生，一件愉快的事情取代了一件不愉快的事情（如成功取代了失败），我们很可能永远也不会感到焦虑或抑郁。因此，我们得出结论，因为所发生的事情是不愉快的，一定是这种不愉快（不好）导致了焦虑或抑郁等不愉快（不好）的情绪。显而易见，难道不是吗？

其实不然，实际上 A（不愉快事件）引起了 C（焦虑或抑郁）这一结论是错误的。假如同一种不愉快事件发生在 100 个人身上，他们都会感到焦虑或抑郁吗？显然不是。几乎所有人，比如说 90% 或 95% 都会因这种不愉快事件产生一些不好的情绪——因为它有违他们的意愿，人们不愿它发生。但是，因为 A（不愉快事件）产生 C（后果），他们往往会产生各种不同的感受。比如说有 100 个人与面试官见面，面试官拒绝了他们的应试，在这 100 名被拒者中，有些人失望了，有些人生气了，有些人感到郁闷，有些人则心灰意冷，其他人还会有一些不同的感受。所有人不可能都产生一种完全一致的感受。他们会有各种各样的感受，可以肯定的是，大多数感受都是消极的，但也是一些不同的消极情绪。并非所有人都会感到沮丧，甚至有人也许会因面试官拒绝了他们而感到高兴。最后这一类人可能是：他们真的不想工作，或他们本来想要这份工作，但他们认为这份工作弊大于利。

极其重要的一点是：当不好的事情发生在你身上时，如没有得到你想要的工作，这些不愉快事件不会直接导致你产生沮丧情绪。这中间还存在一个变量——你对 A 的想法或信念（B），B 可以直接导致这种沮丧情绪。正如你选择你想要（或不想要）的工作，你选择通过努力在面试中获得成功（或不去付出努力），你还可以选择在面试失败后你会产生怎样的想法，根据你选择的想法，当你被拒绝后，你会产生完全不同的感受。

例如，假设你提交了工作申请，参加了面试，尽你所能通过了面试，但你仍然没能得到这份工作。你在 B 点也许会认为，"好吧，我尽了最大的努力来争取这份工作，但遗憾的是，还有其他更多合适的人选。太遗憾了，但是我也不是非要得到这份工作，我会以此为鉴，再去尝试其他一些类似的工作。"

如果你的想法（B）是这样的，你很可能会感到难过、遗憾、失望——但不会感到沮丧和自卑。然而，如果你参加了面试，尽你所能通过了面试，仍然没能得到这份工作，你对这种失败抱有完全不同的想法（B），如"我在面试中本来可以做得更好的，我犯了几个不应该犯的错误。这份工作对我来说意义重大，要是得不到这份工作就太可怕了。""面试中我表现得很糟糕，我很可能还会在其他类似的工作面试中再次失败。我真蠢！""我必须找到一份跟这份工作一样的工作，否则我的人生就毁了。"如果我一直这样面试下去，我可能永远也找不到一份好工作。太可怕了！我真可怜！"

如果你的想法（B）是这样的，你很可能会感到郁闷，可能会想到自杀，你就不会再去参加其他的面试，你也许会逃避这样的求职过程，很长一段时间都不会找到工作。

由此得出的教训是：你必须学会控制你的情绪。虽然你不能控制你想找的工作、你参加的面试、面试官的决定、有多少类似的工作以及其他有关求职的重要方面，你可以控制你得到或失去工作时的反应和情绪。你自身，在很大程度上，虽不是绝对的，但应该是可以通过你的想法来控制你的情绪：当在A点，你的生活中出现不幸或不愉快事件时，在B点你会产生怎样的想法。

幸运的是，虽然你往往无法控制你身边发生的事情，但当这样的事情发生在你身上时，你通常可以控制自己的反应。如果发生了非常糟糕的事情——有违你的目标和利益的事件，你很可能首先会产生一些健康的消极情绪，如失望、悲伤、悔恨、烦恼和挫败。因为你不愿意失去你想要的东西（或得到你不想要的东西），所以当这些不愉快事件发生时，你最好用一些负面情绪来应对。这是一种健康的表现，因为失望和沮丧的情绪会激励你回顾生活中发生的不愉快事件，回想一下这些不愉快事件，你会采取一些措施来应对，并试图改变这些不愉快事件。如果你不会因此而产生一些情绪，你就会放任这些不愉快事件发展下去，而不会采取措施来应对。所以你要采取行动，而遗憾和失望这些健康的消极情绪会帮助你做到这一点。这就是为什么我们在理性情绪行为疗法（REBT）中将它们称为健康或有益的情绪。

然而，当生活中出现不幸时，如果你选择了不健康的消极情绪（B），你可能不会成功地应对这些问题。因为这样的情绪——如焦虑、恐慌、抑郁、愤怒、仇恨和自怜，通常都是具有破坏性的，这些情绪会干扰你对问题的处理。这些情绪往往会异常强烈，它们会迷惑和困扰着你，也会对线性思维和解决问题的能力造成干扰。

这些情绪还可能会麻痹你。它们往往会导致一些疯狂的行为，如谋划伤害他人，这些行为会使你伤害或破坏一些人或事情。它们还会导致你心身不适，如心悸和头痛；会妨碍你，使你难以应付这些不愉快事件。

让我们再重复一遍：当生活中发生不愉快的事情时，如失去一份你真正想要得到的工作，你很快就会因此而感到焦虑和抑郁，这些事情（不愉快的事情）本身不会对你的情绪和反应带来什么影响。这些不愉快的事情也许会糟糕至极，也许会使你产生一些情绪化的反应，但更重要的是B——你对这些不愉快的事情产生的想法。这些想法包括各种各样的看法、评论和结论，你也会产生相应的情绪反应。因此，当同样不愉快的事情发生在你身上时（如再次在工作面试中被拒绝），你可能会产生一些或强或弱、或健康或不健康的情绪。在面对同样不愉快的事情时，你的反应可能会有所不同，其他人亦是如此。如果类似的不愉快事件发生在100个人身上，所有人也许都会产生一些类似的不良情绪反应，但每个人都还是会有一些不同的反应。

你或者其他人的行为结果也是这样的。如果你在A点（不愉快事件）失去了一份理想的工作，这次失败可能会激励你去参加许多其他面试，你最终会得到你想要的工作。但同时也可能会让你感到沮丧和绝望，以后再也不会去参加别的面试。怎么会这样呢？主要的区别就在于你在B点的情况——你自己的想法是什么样的。你也许会说，"太糟糕了，我失去了这份工作，但现在我了解到了面试官想要的东西，我觉得我真的有能力得到这样一份工作，并能表现良好。所以我会尽可能去参加更多的面试，直到我最终找到一份工作，这可能需要花费一段时间，但如果我坚持不懈，我相信我会成功的。"如果你有这种想法（B），你会继续寻找工作，尽可能参加更多的面试。

反之，你也许会认为，"哦，从这次面试来看，我以后的求职路会更加艰辛了。我真的不具备他们需要的能力。如果我真的被他们聘用了，他们也会发现我的工作表现没有那么好，很快就会把我辞退了。参加再多的面试有什么用呢？我最好换一种其他的工作。也许我做什么都不行。所以，也许我还是去领政府救济金吧，或者去寻求家人的帮助。"如果你失去工作后是这么想的，你很可能不会付出更多的努力去找一份类似的工作，或者，你会选择一种极端的行为——完全退出就业市场。

所以，在未能通过工作面试后，你会有怎样的反应和行为，这在很大程度上不是取决于面试，而是取决于你在面试被拒和尝试寻找其他工作时会产生怎样的想法。再者，你对不愉快事件的情绪反应和行为反应主要取决于你对不愉快事件产生的想法，而不是仅仅取决于不愉快事件本身。

这点真是非常幸运。大多数情况下，你都能很好地控制你相信什么、不相信什么，并能产生相应的感受，采取相应的行动。

How to
Control Your Anxiety
Before It
Controls You

第4章

使你产生焦虑的非理性信念

如果你承受着极大的压力，如暴力、强奸、虐待或重大事故，你会产生这种精神上的创伤，可能使你立即就会变得异常恐慌或暴躁，你可能会在接下来的一段时间内情绪失控、举止怪异。当这种事情发生的那一刻，尤其是当遇到意想不到的创伤性事件时，你会感到异常震惊从而失去了理性思维（至少暂时会是这样）。即便如此，经过一段时间后，你还是会恢复到原来的状态，但与初次经受这种创伤时相比，你会更加明白如何去控制自己的思想和行为。

幸运的是，只有在某种特殊情况下才会如此。而在大多数情况下，你的大脑和中枢神经系统运行正常，你可以很好地控制自己的思维、情绪和行为——也就是说，你怎么想就可以怎么做！当你意识到自己失控了，你的思维和情绪不再受你控制，那么，也许真的就会产生这样的结果。从理论上来讲，你可以改变你的思维、情绪和行为，但是你也可能会认为你做不到，因此，你也许会选择放弃，并听任这种消极情绪的控制。如果是这样的话，你会认为你无法阻止这些焦虑或恐慌情绪。因此，你会向它们缴械投降，让这些情绪将你攻陷。然而，事实并非如此，即使当你处于极度恐慌的状态，你也有能力阻止它们；但是，一旦你认为自己做不到，你甚至还会为这些恐慌情绪而恐慌。你将会全线崩溃，进而失去所有的控制能力！

当你认为你的想法对自己的情绪和反应至关重要，并且你坚信这些想法会让你不安或干扰你的正常行为时，这就说明你还是不能完全控制自己的情绪。这不是可以用药物医治的！但是，你可以根据你的个人情况来规范、管理和改变你的情绪和反应。因为你可以有多种不同的思维，比如你可以选择产生某些想法，也可以选择拒绝产生某种想法。这样，你将不再受这些严重的焦虑、抑郁和愤怒等情绪的控制——而通常你都是被这些情况所控制。正如我们在这本书中不断重复的观点：你可以思考，你可以思考你所思考的，你甚至还可以思考你为什么思考你所思考的。正常人类都会如此，他们可以用多种不同的方式来思考——自救的好方式和自损的坏方式，这是一种与生俱来的能力。关键是他们要善于利用这种能力！

现在，我要向你们解释一下理性情绪行为疗法的基本原则，并向你们说明 ABC 理论是如何掌控你们的情绪和行为的，特别会强调如何在焦虑感控制你之前先行将其控制。如果你选择使用这些原则，并坚持练习，很可能你会在一定程度上对你的情绪进行控制，这绝对是你做梦也想不到的，尤其是在焦虑症的控制方面。此外，对于任何正在形成的其他破坏性情绪，理性情绪行为疗法也能帮助予以控制。

成就焦虑感是如何形成的

往往是哪些事情让你感到焦虑呢？让我们举一个最常见的例子。假设你非常想做好一个任务、一项运动、一类工作，抑或是建立一种关系，而你又害怕自己做不到。如果失败了，那些你急欲讨好的人就会失去对你的认同感。所以理所当然，你会感到异常焦虑。

按照理性情绪行为疗法的术语来讲，你有成功的目标（G），但很可能会发生不愉快事件（A），你会失败，并被拒绝。因此，在C点，即你失败后被拒绝（A）这一结果，你会感到异常焦虑。当然，焦虑不会帮你在这个项目中取得成功，即使你成功了，焦虑也不会帮你取得他人的认可。相反，你不断担心自己会失败：实际上，你可能会双腿发抖，浑身战栗不已，你可能会感到脆弱和不安。你还有可能会因焦虑而引发呕吐，身体会不协调，甚至会麻痹。本来计划要做好这个项目的，现在完全被打乱了。

根据理性情绪行为疗法的观点，你的焦虑也许由若干个原因造成。例如，你想要成功完成的任务和所遇到的困难以及至关重要的评价人。但是，这些外因是你无法去改变的，那么，你能控制哪些原因呢？你如何才能调整并改变这些原因并使它们帮助你取得成功呢？答案是：主要取决于你对所处情境以及失败并被拒绝的可能性所产生的信念（B）。这些想法主要是由你控制的，如果这些信念不会给你提供任何帮助，你可以做出适当的调整。接下来，让我们把注意力转移到这些信念上。

首先，就目前正在从事的项目，以及成功完成这个项目后，可能会获得的认同，你可能会产生一系列理性信念（RB）。这些理性信念（或选择性期望）也许会是这样发展的："我真的希望我能做好这个项目，这样的话，那些我希望他们会喜欢我的人就会认同我。当然，我也可能会做不好，要是那样的话就真是不幸了，因为我不会得到我想要的东西，可能还会有人反对我，这些都不是我希望的。然而，失败和被拒绝并不是世界上最糟糕的事情，我可以从中得到学习，并不断再次尝试。那些我想讨好的人会反对我，这也不是什么要命的事，仅仅是让我暂时少了一些欢乐而已。即使我从来没有在这个项目中，抑或是其他类似的重要项目中取得成功，我只是会感到有点儿沮丧，而不会被打击沉沦。同样，如果我永远也得不到这些人的认同，我只会产生一种挫败感，而不会彻底崩溃。现在来分析一下，如果我付出最大的努力来完成这个项目，结果我却失败了，我会继续不断地去尝试其他类似的项目，最终，我很可能会获得成功，同时还会获得多数人的认可。但是，如果我不这样做，我就不会获得成功，即便如此，我仍然可以快乐地生活。

这些信念（B）是合理的，因为它们通常会帮助你在项目中取得成功，并赢得那些你喜欢的人的认可。这些信念会导致诸如鼓励和热情等健康情绪的产生，如果你没有获得成功，失望和沮丧这类健康情绪会有助于你取得成功。这些情绪也许会激励你不断去尝试做好这个项目以及其他类似的项目，使你不再贸然退缩或过早放弃。这些情绪还会集中你的思想和精力，使你专注于那些有益的方案和计划上，能帮助你得到你想得到的东西。这都是一些积极的信念，而且，虽然不能绝对保证你能实现你的目标，这些积极的信念会极大地提高这种可能性。这就是为什么我们将它们称为理性信念（RB），因为它们很有用，往往会提高你的工作效率，使你取得更多的成果。

当潜在的不愉快事件（未能完成项目）发生后，如果你产生的是这种理性信念，结果（C）很可能会与你的期望相吻合。因此，理性信念多半会帮助你实现目标。有时，你也会产生失望和沮丧之类的失落情绪，如果是这样的话，这些失落情绪也会有助于你去实现这些目标。因此，你有很大的几率去实现目前和未来的目标，理性信念往往会招致理想的后果。

然而，当你确定了自己的目标：取得成功并获得认可后，你就会意识到可能有许多不愉快事件（A）会阻止并妨碍你去实现自己的目标。你可能会产生一系列非理性信念（IB），这些非理性信念会让你感到不安，很可能会破坏你预期的结果（C）。因此，你可能会认为，"要是我注定不能实现我的目标，那些我喜欢的人会彻底将我拒绝，真是糟糕透顶！我绝对不能失败，也绝对不能被拒绝，我永远也无法忍受这样的事情发生。这将意味着我还不够好，还不配获得成功——我是一个才疏学浅、毫无价值的人。如果人们因为我的失利拒绝了我，就证明我不配获得他们的认可，以后他们还会不断地拒绝我。真是太恐怖了！我会彻底崩溃的！我不会再感到快乐了。如果我得不到真正想要的东西，这种生活不值得过，也许我还是自我了断的好！"这些想法都是非理性的。

这些非理性信念通常不会给我们带来任何益处，反而会给我们带来不少伤害。它们往往会让你感到焦虑——实际上，可以说是一种恐慌，你的各种身体机能都会受到影响，最终你将失败，并遭他人拒绝。非理性信念往往还会给你带来身体上的不适和虚弱，非理性信念造成的恐慌会干扰你的智商——使你搞不清楚要做出怎样的规划才能取得成功，或是怎样执行这种规划。如果你失败了，这些非理性信念会在情绪上削弱你，你可能会失去再次尝试的念头，也可能会不顾一切地去实现你的目标，而导致接二连三地失败。非理性信念往往会使你彻底放弃你原来的目标，勉强去接受那些你非常不想要的其他目标，要不然就是让你彻底变为一个漫无目标、庸庸碌碌的人。这些信念也许会给你以后的生活带来巨大的冲击，你以前能很好地完成的目标和项目，现在却会失败。更加严重的是，这些信念还会使你精神崩溃或让你产生自杀的念头。

当你接手一个重要的项目，急欲获得成功并要得到一些重要人物的认可时，积极的理性信念和消极的非理性信念之间有什么区别呢？理性信念会激励你去得到这一项目，你会充满激情，并会产生一种理智的担忧情绪。担忧也是一种焦虑，因为担忧会让你想到失败，会迫使你在行事时保持慎重和警惕的心理；担忧有助于你制订计划，并将这种计划贯彻始终；担忧有助于你厘清事物的各个方面，当出现混乱的情况时，你能做出改变，使事情恢复常态。担忧也是情绪控制的必要组成部分：如果没有这种健康的担忧心理，你就不会费心去尝试任何一件事情，更不会尝试去将其做好。因此，理性信念会使你产生担忧、慎重、警惕的心理，你会随时准备好接受与你从事的项目有关的任何意外情况。此外，担忧还是一种有趣的心理，你会乐享其中：担忧使你产生一种风险心理，你会去考虑什么才是最好的解决方式，并能全身心地投入其中。这种心理会使你感到愉悦，就像芝加哥大学希斯赞特米哈伊（Csikszentmihalyi）教授所说的"流"(flow)，或者还可以说是对所从事的事情的内在享受以及全身心投入时的愉悦感。

焦虑则并非如此！焦虑是一种过度的或夸大的担忧。担忧可以使你重视所从事的项目并为你带来兴奋感，而焦虑则使你过分重视所从事的项目，你会认为它们神圣而不可侵犯。虽然焦虑和担忧这两种心理看上去极其类似，前者是一种过分担忧，后者则是正常的担忧，但在某些方面它们却相去甚远。当你对自己说，"我很想做这个项目，我会竭尽所能去做好，但如果结果不甚完美，我还是会享受这个过程"，这种担忧是合理的，你融入其中了。但是，当这种信念升级为过度的、不合理的时候，如"我一定要参与这个项目，而且必须完美地完成这个项目，否则我就是一个毫无价值的人"，这是一种过度担忧或焦虑的心理，甚至有点儿疯狂。正如我们曾指出的，这种过度的担忧或焦虑心理往往会使你心烦意乱，极有可能出现的结果就是你将不能很好地完成这个项目。

你是怎么知道 B 点处的信念是不合理的或与你的目标背道而驰呢？我们要先去寻找这些信念，发现了它们之后，如果这些信念是不合理的（D 点），我们要与其进行辩论，最终将它们转变成合理的信念。就如何做到这几点，我想提出几个相当简单的方式，我会向你们简要介绍一下这些方法。但是，首先我们要来看一看理性情绪行为疗法 ABC 理论中的 C，来看一下你的焦虑状况。焦虑像一种胃肠道症状，这是一种不安、怀疑和犹豫不决的感觉。通过一些身体上的感觉（如忐忑不安），你能意识到焦虑的存在。但焦虑还会以一些其他的形式存在，如呼吸急促、战栗、颤抖、抽搐。我们在第 2 章的表 2-1 中列出了一些主要的焦虑形式。如果你不确定你是否有焦虑心理，你可以核对一下表 2-1，看看你是否有其中的一种或多种表现——有时甚至会有很多表现。当你确定焦虑心理存在，这种焦虑不仅仅是一种合理的担忧、慎重或警惕，接下来你要确定的就是你主要担忧的事情——A 或理性情绪行为疗法 ABC 理论中的 A。通常情况下，你发现你会为许多事情而感到焦虑：你无法完成你的某个主要目标，或遭到你喜欢的人的反对，或各种损失，或某些不适、疾病、危险、死亡等（第 2 章的表 2-2 中列出了你可能会担忧的一些主要事情）。

导致焦虑心理的非理性信念

既然已确定你有焦虑心理，而且你也知道你主要会为什么事情而担忧，那么现在就来看一看导致焦虑心理的非理性信念。从理论上说，这种信念有成千上万种之多。但是，从事理性情绪行为疗法和其他种类的认知行为疗法（CBT）的医师进行了大量的研究，他们把几乎所有的非理性信念划分为若干个类别。因此，首先，你只需核对一下这几大类别的名称，看一看你的非理性信念可归为哪一类。这几个类别分别为：

绝对必须、应该、义务及其他需求信念。 当我首次对客户的非理性信念进行研究时，我归纳出了 12 种常见的非理性信念，这些非理性信念都有着各种各样的变体。我对这些信念和它们的变体进行了非理性信念测试，数百个研究报告都提出了这种测试方法，测试对象包括受干扰和未受干扰的人。正如我所预测的那样，研究结果证明——与那些非理性信念少且轻微或适度的人相比，非理性信念多且强烈的人通常会更加焦虑和不安。这个重要的发现表明了：理性情绪行为疗法的理论合情合理，人们的情绪干扰与他们的非理性信念有关。

随后，我对人们的非理性信念又进行了进一步的临床试验和研究，当我得知我之前对非理性信念和那些变体进行的 12 种归类完全准确时，我感到有点惊喜。另外我还总结出可以进一步将这些非理性信念归纳为三大类，事实上，所有其他非理性信念（实际上有几百种）都可以归为这三大类。这三种基本的非理性信念都会导致情绪干扰，究其原因，都是源于一种绝对必须的要求或命令：无条件应该、义务或必须。虽然几年前我就曾预料到这种方法的真实性，但我还是感到有些惊讶。卡伦·霍妮是一个非同寻常的分析师，她曾在1950年就得出了类似的结论，当年她就提出了使人们感到不安的"强硬的应该"观点。20世纪50年代中期，我将理性情绪行为疗法应用于客户身上，那时我专心研究"绝对应该"和"必须"的信念，我发现存在以下三种强大的"必须"信念，我将它们称为必须强迫症（musturbation）：

1. 针对我自己的必须信念。 例如，"我必须成功地完成每一个重要的任务"，"我必须受到那些重要人士的赞许，至少我应该被完全认可"，"我必须在我选择从事的项目中表现出优秀或完美的水平"，这是一种极其常见的必须强迫症，世人都会在生活中的某个阶段产生这种信念，当他们未能实现生活中的目标时，这种信念会让他们感到焦虑、抑郁、自轻自贱和不安。

2. 针对他人的必须信念。 例如，"他人必须帮助我得到任何我想要的东西，并阻止那些我不希望的事情的发生"，"当我希望他们喜欢我、认可我时，他们必须这么做"，当他人不遵守你的命令，不能完全按照你所想的方式来对待你时，这种形式的必须强迫症会导致生气、发怒、暴怒、暴行、仇恨、争斗和毁灭等情绪的产生。

3. 针对客观世界和环境条件的必须信念。 例如，"工作条件必须能确保我从事自己喜欢的职业，而且这种职业的待遇必须很好"，"天气状况必须符合我的心意，完全按照我的需求而改变"，"政治经济形式在任何时候都必须符合我所需，不能有违我的个人利益"，这种形式的必须强迫症会降低你对挫折的忍耐力，导致抑郁、拖延、耽溺，和其他各种不良后果。

正如我所说的，这三大必须信念涵盖了所有非理性信念，并且还能产生许多各式各样的不安情绪和不正常行为，这点多少让我感到有点儿惊讶，它们会造成人类机能障碍。任何重要的必须信念或非理性信念都包含在这三大必须信念之中，到现在为止我还未发现有例外情况。

每种必须信念和要求都能细分为很多种，但反过来说，不管是直接或间接来看，每一种都肯定会包含一种绝对需求。

这就意味着，只要你头脑中有一个具体目标，你很想去实现它，而且你还避免了那些必须信念和要求，当你未能实现你的目标时，你会产生一些健康的情绪，诸如悲伤、遗憾、沮丧和不满等，而不会让自己产生一种极其严重的低落情绪。选择性期望陈述法似乎总能避免一些情绪困扰，因为即使你未能实现目标，你还会有一些其他的选择。因此，如果你告诉自己，我非常希望成功完成这个项目，但是如果我没有成功，我仍然可以很快乐地生活；如果你失败了，你可能会感到失望，但不会受到严重的精神创伤，这是一种正常的现象。

但是绝对必须信念就不会接受任何选择性期望或一些"但是"的观点。这意味着：无论怎样，无论何时，你绝对必须做好，而且必须赢得人们的认可。这种信念自然是完全不现实的，因为结果总会有不合你心意的时候，你也不可能总能赢得人们的认可。这时，你会怎么样呢？答案是：焦虑或抑郁。

当然，还有一些完全合乎情理的条件性必须信念。例如，如果你说，要想买书，你就必须付钱；要想上大学，你就必须注册，必须支付学费，必须上课，而且必须通过测试。那么，这些必须信念都是合乎情理的。为了完成某件事情，你经常要先去做一些别的事情。所以，为了达到你的目标，你必须做这些事情。但是，要是你说你无论如何都必须买这本书，不管你有钱没钱你都要买，那么这种信念则是愚蠢的。你的这种无条件性必须信念是根本行不通的，而且还有可能给你带来痛苦。

所以，尽管你很希望你能做好一个项目，并能赢得他人的认可，但是谁也不能肯定你一定会取得成功，而且也不会仅仅因为你自己非常喜欢成功，你就一定会成功，这是没有什么道理可言的。你对成功的选择性期望给了你另外一种选择，在未能达成自己的愿望后，你还能退一步去追求别的目标。但是，如果你对达成你的愿望有一种绝对要求，不管这种愿望是什么，这种信念都很可能会让你陷入困境。绝对必须这种信念几乎行不通，你可能会觉得稍微有点儿智慧的人都不会产生这种信念，但是，人们确实还是在不断坚持着这样一种信念。正如理性情绪行为疗法所讲的，这样的信念往往会导致焦虑、抑郁、自卑心理的产生，所以，要想缓解这种情绪上的低落，首先要看一看你是否有这种必须信念，然后开始与其进行辩论，最终放弃这些信念——将它们转化为可行的选择性期望的信念。

当情绪受干扰或行为不正常时，你是不是会有意识地产生这些必须信念呢？你也许会，也许不会。因此，你可能会有意识地告诉自己："我必须通过这次数学测试，否则我真是一个不可救药的白痴！"或者"我必须对我父母好，否则我真是坏透了！我真是太差劲了！"如果你有任何这样的想法，一想到自己有可能测试通不过，或对父母不好，你就会感到很明显的焦虑。你的这种必须信念会使你感到焦虑，你明确地知道你必须要怎么做，你要么就是坚持这种信念，使自己焦虑不堪，要么就是将这种信念转变为一种选择性期望（"我希望能通过数学测试，但是要是测试通不过，我依然可以接受自己。"）。这样的话，正如理性情绪行为疗法所言，如果失败了，你会产生一种健康的遗憾和沮丧心理，但又不至于焦虑到丧失一定的理智。

然而，通常情况下，你并没有意识到自己有这种必须信念和要求，你错误地认为你只是希望自己能通过数学测验，不是绝对必须要通过。如果回顾一下你的这种信念，仔细想想其中是否含有一种必须或硬性要求，它很可能就潜藏在你的信念或希望之下，你总是会找到一种必须信念。理性情绪行为疗法中有一个屡经验证的理论，这种理论表明：这种必须信念确实存在，而你几乎意识不到它的存在——直到你有意去寻找时，才会发现！

我们假设理性情绪行为疗法是正确的,当你没有实现你的需求和期望时,你未产生焦虑心理。而你的必须信念和硬性要求往往会导致焦虑心理,你可能会看到,除了焦虑之外,你还可能会产生几种推论或衍生信念,这些信念很强烈,而且还会增加你的焦虑感。其中有以下几种:

自我贬低 "因为我绝对必须通过这次数学测试,但也有一种可能性是我通不过测试。要是通不过测试,我就彻底失败了,我就是一个毫无价值的人",这种非理性信念就是一种主要的严重焦虑形式。它通常由表现性焦虑组成,但也可能会包括这样一种非理性信念,即如果你通不过数学测试,人们会鄙视你,因为你必须要获得他们的认可,而实际上你可能得不到他们的认可,这也会让你感觉你会受到他人的鄙夷。

贬低或诅咒他人 "人们必须对我很好,而且要公平地对我,然而,有些人没有这么做,都是因为这些烂人,他们应该被诅咒,应该受到惩罚",这种非理性信念是一种以偏赅全的信念,你会谴责人们的做法,这样可能会导致极大的愤怒、仇恨、争斗甚至屠杀心理。通常别人也会产生同样的愤怒:自然而然,他们会因为你的愤怒而谴责你,而不是仅仅谴责愤怒本身。所以,愤怒只会引发更多的愤怒,诅咒也会引发更多的诅咒。这种以偏赅全的信念一直循环往复着,永远也没有尽头。

糟糕至极 如果你认为你必须恭敬、和善地对待你的父母,而有一种可能性是我可能做不到这一点,你可能会情绪低落,感觉自己是一个毫无价值的人。同时,你还可能会产生一种不合理的信念——"苛刻地对待我的父母真是一件可怕的事情!我居然会有这种想法,真是太恐怖了,更不用说这么做了"。如果你产生了这样一种糟糕至极的信念,万一哪天你苛刻地对待你的父母,你可能会产生一种不健康的焦虑心理,而不仅仅是一些健康的遗憾、失望、懊悔等心理。这种糟糕至极的想法会大大增加你的焦虑感。

我不能容忍这种现状 当你坚持认为你绝对必须让人们公平地对待

你，你常常会得出这样的结论（基于你的必须信念）："我不能容忍他们不公平地对待我！我不能容忍。"我不能容忍这种现状的信念会加深你的那种必须信念，会让你感到异常气愤，因为这两种信念都意味着，那些不公正对待你的人会使你丧失所有幸福，你还不如死了算了。当你在说，"我必须在这个项目中取得成功，要是失败了，我会受不了的"，这种我不能容忍的信念放大了你的愤怒或焦虑。

全或无思维、非黑即白思维以及其他以偏赅全的思维　当你要求自己做好一件事，要求他人好好地对你，要是事情并没完全按照你所想的方式进展，你会感到很可怕。这是一种以偏赅全、非黑即白的思维，会让你陷入困境。因此，你会产生这些非理性信念："因为我在这个重要的项目中惨遭失败，这就意味着我将一直失败下去，永远也不会成功"，"因为我在建立一些重要合作关系的事情上失败了，所以我将永远得不到自己想要的东西，我会一直失败下去"，"由于不幸的事情总是发生在我身上，它们还会不断地发生，让我苦不堪言"。

这些绝对应该、必须和其他需求之类的信念会导致产生以上所述的自我贬低、诅咒他人、糟糕至极、我不能容忍这种现状以及不正确的以偏赅全的信念。但是，反过来，这些非理性信念还会导致并深化你的必须信念。因此，如果你强烈地认为"如果我在重要项目中失败了，结果会很可怕，我不能容忍自己表现不佳"，你会强烈地认为"既然失败如此可怕，那就意味着，我绝对必须成功，如果我不能成功，我就是一个无能之辈"，这种必须强迫症会使你产生一种糟糕至极的信念。反之亦然，你的那些非理性信念会深化这些信念，进而导致更多非理性信念的产生。

人类为什么经常会产生这种非理性信念呢？一方面是因为受父母和文化背景的影响。另一方面是受生物机能的影响，他们倾向于把那些强烈的选择性期望转化为迫切需求。他们并不是每次都会产生这种心理倾向，却经常会这样做。这是人类本性使然。

总结一下我所强调的内容：你天生就是一个具备担忧或适度焦虑心理的人；在正常生活中，你会遇到许多问题、困扰和压力。如果你不去考虑如何去处理这些问题，而且不去尝试解决这些问题，你就很难存活在这个世上。所以，不管是从生物机能上，还是从社会因素上来讲，你都会遇到许多困难，而且还要去应对这些困难，你必须在一定程度上保持一种担忧、慎重和警惕的心理。

此外，你很容易过度担忧或过分紧张，这种倾向会使你难以应付你可能会遇到的众多应激事件。你往往会变得更加焦虑，这种焦虑超出了你的需求范围，其中一部分是受生物机能的影响，这是由原始人类过于慎重和警惕的倾向演变而来的；同时还会受社会因素的影响，你会受父母、老师和文化背景的影响。因为你对成功、认可和安慰有一种强烈的愿望，你会把这些愿望转化为不正常的，而且有点夸大的需求。当你想要做好一件事，并想获得他人的认可时，你经常会把自己的选择性期望转化为一种不切实际、妄自尊大的要求，尤其会产生这三种夸大的必须信念：①"我必须无条件地做好，否则我就是一个无能之辈"；②"其他人必须无条件地对我好，必须公平地对待我，否则他们就该受到诅咒"；③"我的居住条件必须井然有序，这样我就能得到我想要的一切，避免我不想要的一切，否则这世界将是一个极其可怕的地方"。

这三种不合理的必须信念往往会支配那些适度的紧张和焦虑心理，并将它们转化为严重的焦虑和恐慌心理。第一种必须信念会导致一种自我焦虑心理，第二种和第三种必须信念会导致愤怒情绪，还会降低你的挫折忍耐力，这些都是不合理的焦虑心理。如果没有这种有意或无意的必须信念和要求，你仍然会产生慎重和警惕的心理，尤其是在面对真正的风险或危险时，但你几乎不会失控，你完全有能力去处理这些应激反应。

美国精神病学协会的《精神疾病诊断和统计手册》（DSM-IV）是这样对惊恐障碍下定义的：惊恐障碍是指一种突发的恐惧感，这种心理会迅速达到一种极致（通常在 10 分钟左右），并常伴有一种迫在眉睫的危险感或濒临死亡的感觉以及一种强烈的要四处逃窜的冲动。躯体或认知症状主要表现为心悸，出汗，战栗或发抖，恶心或腹部不适，头晕，胸闷，窒息感，胸部疼痛，人格解体，害怕失去控制或"几近疯狂"，对死亡的恐惧，皮肤有一种灼热感或刺痛感，寒战或潮热，等等。严重焦虑时也会出现这些症状，但在惊恐状态时，这些症状可能会达到一种极致。

一旦你惊恐了（或者虽然不会感到一种严重的惊恐感，但也十分焦虑），你会不断地告诉自己——"我不能惊恐！""我不能忍受惊恐带来的那种可怕的情绪和感觉！""惊恐实在太可怕，太恐怖了！"这样的话，你往往会因为这些惊恐而惊慌失措——当然，这会加重你原先的惊恐感，会使这种感觉持续更长时间。

事实上，一旦你因惊恐障碍而惊慌失措了，你可能会沉浸在这种"恐怖的"情绪中，而这种情绪是你自己引发的，你会去想——要是真发生了会是多么"可怕"。当真的发生这种情况时，惊恐障碍会首先发作（这可能是因为你对几乎所有东西都会产生恐惧感）；接着，你会因这种惊恐障碍而惊慌失措，这种情绪会控制你，你可能会感到一种"无名的焦虑"。其实，你是因为自己的惊恐障碍（焦虑的初发症状）而感到惊慌失措（焦虑的继发症状）的，这就是你的问题所在。

然而，假设你放任自己失去控制，让焦虑或惊恐感将你控制，而不去控制它。你该怎么做才能制服那些夸大的必须信念，并将它们转化为合情合理的信念呢？看看第 5 章，你就会知道如何去做了。

How to
Control Your Anxiety
Before It
Controls You

第5章

与非理性信念辩论

假设这种有关焦虑的理性情绪行为理论是正确的，你可以控制自己的焦虑情绪，并且还能保持一种自我保护式的警惕心和警觉心，这是一种非常简单的方式。虽然简单，却很不容易。

从根本上来说，如果你希望得到某些东西，你只需保持一种比较喜欢的心态就行：比较喜欢获得他人的认可，比较喜欢轻松的氛围，比较喜欢没有什么身体上的意外和疾病——但一定要避免使这种心态升级为一种必须和强求的信念。无论你有着怎样的愿望、目标和价值观，要想从根本上改变它们，几乎是不可能的。但是，一旦这些愿望演变为一种强制性和必要性的需求，你就应该停下来思考一下：这些强制性需求如何有害，如何使它们回归到那种愿望和希望的状态。

是不是很简单呢？确实如此——但是，我还要说一点，其实并不那么容易。让我们具体来说一下，究竟如何才能做到这一点。

以恋爱焦虑症为例

我们举一个最常见的例子。假设你真心爱上了一个人，而你明显地感觉到这个人并没有对你的感情做出任何特别的回应。他对你爱理不理，甚至看上去并不喜欢你，但你还是很希望他会对你的爱意做出回应，因此，要是他没有做出任何回应，你就会焦虑不安。你如何才能缓解这种焦虑感呢？

首先，假设你不仅仅是渴望你心爱的人能够同样爱你。你还有一种极其强烈的愿望，即他必须爱你。为什么呢？为什么我们要做出这样的假设呢？因为你现在是在尝试理性情绪行为疗法，而这个理论指出，当你在异常焦虑的情况下，你很可能会产生一种必须信念。所以，让我们假设这种情况存在。

显而易见，你希望或倾向于心爱的人能对你的感情做出回应。但是，假设因为你的焦虑情绪，这种愿望升级成了一种强制性的必须信念。所以你很容易会发现："我不仅强烈地希望我心爱的人能爱我，而且我还认为他绝对必须这样做。但是，因为他似乎并没有按照我的想法去做，一想到他很可能永远也不会像我爱他那样爱我，我就很焦虑。我无法保证我会得到我必须得到的东西，所以我会焦虑不安，确切地说，我会惊慌失措。"

现在，在你讲述有关你心爱的人这件事情时，我们发现了这样一个必须信念，毋庸置疑，这种信念使你感到焦虑了。这个方法很简单，是不是？如果你回头想一下，你可能轻易地就能发现这种信念。

好了，现在你有了这种必须信念，即"我心爱的人必须、绝对必须像我爱他一样爱我"。你要怎么做呢？你打算怎么去改变这种信念呢？

答案是：如果你遵照理性情绪行为疗法的理论，就要与这些信念进行辩论。那么，你的目标是让你心爱的人爱你：在A点，即不愉快事件发生时，他似乎并不在意你，而且可能永远也不会在意你；在B点，即你的非理性信念产生时，你告诉自己他绝对必须在意你；因此，在C点，你的这种情绪产生的结果——你很焦虑。是不是一切都一清二楚了呢？

然后，继续遵照理性情绪行为疗法的理论，你会向D迈进，D代表辩论，辩论也许是现今功能最为强大的一种治疗方法——几千年前，哲学家们发明了这种治疗方法，这些哲学家有的来自亚洲，有的来自希腊，还有的来自罗马。D（辩论）是对你的非理性信念，即"我心爱的人绝对必须爱我！"提出的一种质疑和挑战。

现在，你可以同你的非理性信念进行辩论，即"我心爱的人绝对必须爱我！"的信念。在这里，我想要强调三种辩论非理性信念的思维方法。之后，我会为你介绍其他一些有关认知、情感和行为的方法，来辩论这种非理性信念或任何其他自我挫败的非理性信念。

现实或实证型辩论法

第一种辩论非理性信念的方法是现实或实证型辩论法，这种方法可谓是一种最基本的方法。这些非理性信念站不住脚的主要原因就是它们有违社会现实。它们不符合生活事实，当它们背离社会现实时，如果你还是固执己见，这种非理性信念就会妨碍你去实现自己的愿望。

因此，当你产生这样一种非理性信念，即"我心爱的人绝对必须爱我"时，你首先应该辩论一下，这种信念是否符合现实或事实。你应该问问自己，并不断对自己发问，直到得到一个合适的答案——"为什么我心爱的人一定要爱我呢？有什么证据表明他必须这样做吗？'他绝对必须爱我'这种假设现实吗？有没有事实证据能证明这一点呢？他有什么理由必须爱我呢？"

当然，关于所有这些问题，我们只能大声地跟你说声"不"。事实上，你心爱的人有他自己的选择，他可以自由选择去爱你或不爱你。因此，他不是必须要爱你。实际中，他可能不会爱你。没有任何证据表明他绝对必须爱你，但有大量证据表明他可能不会爱你，而且，事实上，你往往会因这样的要求而烦恼，实际上他可能不会或根本就不会爱你。因此，如果事实表明他不会爱你，那么很明显，他确实不必去爱你。

而且，你心爱的人必须爱你，这种假设是不现实的，他可能会选择去爱你、恨你或忽视你。所以，他不能决定不爱你，这种假设也是不现实的。有什么事实能证明这一点吗？事实是他可能会爱你，也可能不会爱你，这是显而易见的。他有时也会改变对你的想法。显然，这些事实表明，他不会无条件地绝对爱你。

再者，你心爱的人必须爱你，也没有什么道理可言。我们有很多原因可以解释他为什么可能会爱你——例如，你可能对他很好。但是，尽管你对他很好，他仍然有可能不爱你，而且，因为你对他太好，他还可能会认为你太软弱或缺乏精神支持而不爱你。

无论你怎样去分析，你心爱的人绝对必须爱你，这种确切的信念肯定是站不住脚的，因为那显然不是他自己的选择，而且他的选择可能与你的要求不一致。他是一个有着自由抉择权的生物体，他可能会爱你，也可能不会爱你。所以，当你坚持认为他绝对必须无条件地爱你时，你是在否认这样一个事实——他可能会爱你，也可能不会爱你；他可能曾经深深爱着你，但现在可能已经不再爱你。他的这种本性是反复无常、变化万千的，而你坚持认为他会一如既往地爱你，这不符合他的本性。太不现实了！如果你要求他必须永远爱你，而显然他不会这么做，如果真是这样的话，你将惶惶不可终日。

同样，"我心爱的人必须绝对爱我"，这是一种必然推论，你也可以通过现实和实证来辩论这些必然信念。因此，如果他不爱你了（而你认为他必须爱你），你可能会认为，我是一个差劲的情人，我真是无能，就是因为这样，他才不爱我的。但是，这种信念是不现实的，因为有很多原因可以解释为什么他不爱你，其中有一些不是你的原因，主要是因为他自身。例如，他可能真的谁都不爱，他可能不具备去爱他人的能力。

另外，因为你坚持认为你心爱的人绝对必须爱你，而其实他对你并没有什么感情，你可能会得出这样一个结论——"真是太可怕，太恐怖了！我不能忍受他不爱我！"但是，如果你实事求是地质疑这些结论，你会发现他确实可能不会爱你——因为你没有得到他的爱，而这是你一直想要和需要的。但实际上，这可能并不是最糟糕的事情（例如，他可能会疯狂地咬伤你，并决定要杀了你）。他不爱你这个事实并不是那么糟糕，也不是必须不能发生的，但你却认为这个事实很可怕、很恐怖，这就意味着它确实很糟糕，不应该发生。其实不然，不管你认为这件事有多糟糕，他可能还是会不爱你。此外，当你说你不能忍受他不爱你时，这通常意味着以下两点。第一，他不爱你这个事实会要了你的命；但是，你很有可能不会因为他不爱你而去选择结束自己的生命。第二，"我不能忍受！"这种说法是指，如果他永远也不会爱你，你可能以后再也不会感到快乐了。但是，这种说法同样也是不现实的，你不会快乐的主要原因不是因为你不可能会快乐，而是因为你认为你不会快乐。

通过现实辩论法，你可以辩论你心爱的人绝对必须爱你这种信念，此外，你还可以辩论一些衍生出来的不切实际的信念，如"他不爱你真是太可怕了""你根本无法忍受他不会像你想象中那样爱你"。按照理性情绪行为疗法的观点，非理性信念几乎都是不现实的，没有根据的，你可以严格根据自己或他人的经验，来对其进行辩论，并改变它们。

逻辑型辩论法

你的这种信念——"我心爱的人绝对必须爱我"以及各种与之类似的必然信念，通常都是不合逻辑的，而且不符合你的假设："因为我非常爱他，要是他能同样爱我，我会很高兴，因此他绝对必须爱我，而且必须永远爱我。"如果你想放弃这个想法，并用一种理性的自救式的信念来取代它，你可以通过这些问题来进行辩论："因为我非常爱我心爱的人，所以他必须同样爱我,这种信念符合逻辑吗?我希望他爱我这样一种强烈的愿望与他爱我这种必要性之间有什么联系呢?正因为我将大大受益于他对我的关怀,他就必须爱我吗?我的结论是基于这种事实得出的吗?"

你要不断问自己这些问题,直到得出一个正确的答案,你就会发现,你对心爱的人提出的感情上的要求都是不合逻辑的。因为你希望心爱的人能够爱你,所以当他不爱你时,你会为未能达成自己的愿望而感到沮丧、失望,这点合情合理。每当你想要某件东西,却没能得到它,你会不自觉地感到沮丧,然后告诉自己说:"我没有实现我的愿望,因此我觉得我很不幸,心里很不舒服。"这种信念合情合理。但你不能坚持认为,因为你会感到沮丧,而且你绝对不能失去他的爱,因此,这样的生活真是了无生趣,这种信念是不合逻辑的。

具体来说,你得出的结论是:你认为你心爱的人绝对必须爱你,而实际上他并不爱你,让我们通过逻辑型辩论法来质疑一下你的这些结论。首先,问:"正因为我非常爱他,他就绝对必须爱我,而且要一辈子爱我,这点合乎逻辑吗?"答:这当然不合逻辑。你的假设(你很爱他,要是他不爱你,你会感到很失望)和你的结论(因此,他绝对必须爱我)之间没有任何关联。如果他确实爱你,这就很合你心意了,但是,并不意味着他必须爱你。他有权去爱你或不爱你;当然,他也可以选择去爱你或不爱你。虽然你强烈地希望他能爱你,但是他并不会因为你的这种强烈的愿望而爱上你。事实上,甚至可能会适得其反!

再者,在对不合理信念进行辩论时,你可以问问自己:"我希望我心爱的人能够爱我这样一种强烈的愿望与他爱我这种必要性之间有什么联系呢?"答:两者之间没有任何联系。不管你的愿望有多么强烈,这显然与他必须爱你没有任何关系,他不会按照你的愿望来决定是否爱你。此外,你的这种强烈的愿望明显不能控制他,要真是如此的话,他一定会爱上你。但是,很显然,他不必去遵循你的愿望。在这个世界上,没有人必须按照你的愿望来行事——除非你拿枪抵着他们的头并强迫他们这样做。即使真是这样，他们也可能宁愿选择去死。

但是，就我们现在所说的情况，你手上没有枪，即使你有枪，他仍然不会向你屈服，也不会因此而爱你。事实上，这种可能性几乎为零！

通过逻辑型辩论，你开始明白，在现实生活中，你的愿望不是必须得到满足。毫不夸张地说，即使你会因为你心爱的人不爱你而去选择结束自己的生命，这也并不意味着他就要爱你。要是他愿意，他或许还会看着你去死！

你可以实事求是地对绝对必须、应该、义务和要求进行辩论，意识到这一点很重要。这样一来，你就会接受这样一个事实：你必须得到自己想要得到的东西，这种信念是不合理的。要是你得不到自己想要得到的东西，这也不是什么可怕的事情，你能容忍你得不到自己想要的东西；如果你表现得很糟糕，与你感觉你"必须"表现出来的水平不一致，你也不是一个该受诅咒的人。与此同时，你还应该接受这样一个事实：你对自己、他人和客观世界的要求都是不合逻辑的。尽管你比较希望自己能将重要的事情做好，他人能平等、友善地对待你，而且各种客观条件都能井然有序，并符合你的心意，但你的这些信念永远也不是什么必须实现的事情。因为非常喜欢这样的状态，所以就必须达到这样的状态，这是不合逻辑的，这也根本行不通。

"但是，"你也许会反对说，"假如我失败了，我受到他人不公平的对待，我生活在恶劣的环境中，我还因此受伤或死掉了。为了避免受伤或死亡，我必须完成某些事情，他人必须合理地对待我，周围的环境必须足以让我生存，这种信念难道有什么错吗？"

是的，这种信念十分正确，也合乎逻辑。有时，你的生命取决于你的成功、他人公平的对待和有利的环境。所以，如果你想生存，并想要一直生存下去，某些东西必须存在。但要记住——你绝对必须生存，这种信念是不可取的。不管怎样，你最终都会死，即使你可能已经活了一百多岁。但是，你必须要活很长一段时间；或你必须安详地死去，不受任何病痛折磨；或你的生活一定要幸福。以上这些信念都是站不住脚的。所有这些信念都是合乎你心意的，但绝对不是必须的。如果你认为这些都是必须的，或者说任何其他你真正想要的东西都是绝对必要的，可以肯定的是，你绝对会感到焦虑。你的需要和愿望都是合理的，在某种意义上说，这些需要和愿望都很好，因为你想要得到它们。但是，你并不是绝对必须得到这些东西。说真的，这些东西并不是绝对必须的。如果你认为你必须得到这些东西，你会惶惶不可终日！

实际和务实型辩论法

第三种辩论非理性信念的方法是实际和务实型辩论法，这种方法尤其适用于那些绝对应该和必须信念，并能将这些信念转变为选择性期望，也可称为启发式辩论法。要想尝试此方法，你需要找出一种或多种非理性信念，并问问自己："如果我保持这种非理性信念，我会怎么样？它会带来什么样的结果呢？它会不会十有八九让我感到快乐，或让我感到悲惨呢？如果我坚持这种不合理信念，而且固执己见、拒绝放弃这种信念，可能会发生什么呢？"

我们还是以上文提及的非理性信念为例："我非常爱这个人，因此，他绝对必须同样爱我。要是他不爱我，真是太可怕了！我不能忍受他不爱我。要是不能让他爱上我，我就是一个无能之辈，我就是一个没有价值的人！"

利用务实型辩论法，你可以做出如下辩论和质疑："如果我真的有这种信念，而且这种信念还很强烈，我会怎么样？"答："那会让我很焦虑，我会去思考我心爱的人是否爱我，万一我发现他并不爱我，我的情绪就会异常低落。""如果我心爱的人并不像我爱他那样爱我,是不是真的很可怕呢?"答:"不是,那并不可怕,因为它不会像想象中那么糟糕。"不过,我会认为这是一件很可怕的事情,我会感到很可怕,因为我有这种愚蠢的想法。"如果我坚持这种信念,它会不会让我感到快乐,或让我感到悲惨呢?"答:"它会让我十分悲惨,除非我能保证我心爱的人真的爱我,而且将一如既往地爱我。"但是,我当然不能做出任何这样的保证,所以我会一直处在焦虑和痛苦的边缘。"如果我坚持这种信念,而且固执己见,拒绝放弃这种信念,可能会发生什么呢?"答:"我将一直保持这种极度焦虑的情绪,直至(或除非)我发现心爱的人真的爱我。"即使这样,我还是会焦虑,因为我会意识到,我还是会失去他的爱,而且根据我自己的定义,要是没有他的爱,我是不会幸福的。

这种务实或现实型辩论法是理性情绪行为疗法的核心所在,也是其他一些旨在根除焦虑症方法的核心所在。因为你希望你对爱的付出能有所回报(或你想得到世上的其他任何东西),这种非理性信念要求你绝对必须得到你想要的一切,这样,你才能成为一个幸福、安乐的人;要是你得不到你想要的,你会感到绝望、悲惨。因此,如果你尝试使用这种务实或现实型辩论法,你会开始意识到,固执地坚持这种非理性信念是有害无益的——除非你真的愿意让自己感到焦虑和抑郁。非理性信念能帮你实现这一目的!但是,如果你是想获取更大的快乐、成果和效率,你可以看到非理性信念会给你带来致命的伤害和持续的痛苦。要是你没有完全崩溃的话,想必你会用理性信念或合理的期望来取代这种非理性信念。

但是,总而言之,我们建议你能持续使用这三种辩论法:现实型、逻辑型和务实型辩论法。而且还要一直坚持下去,因为人类往往容易产生非理性信念,可能因为这种信念已经保持多年了,你习惯了这种信念,它们让你感到很自然。因此,要想放弃这种信念,并使它们失去效力,你最好还是要用这三种方法来进行辩论。

如果你还会因担忧他不爱你而感到焦虑，理性情绪行为疗法将这种继发性焦虑视为不愉快事件 A^2。那么，你很有可能因 A^2 产生非理性信念（IB^2），例如，"我不能这样忧虑不安！太可怕了！我不能忍受这种焦虑情绪！我怎么会这么不安呢，我真是太不争气了！"结果（C^2），你会为这种焦虑情绪而忧心不已。

为了辩论这些非理性信念 IB^2，你可以采用逻辑型辩论法："如果一想到这种情况太可怕了，我不能忍受，我就会感到焦虑，这种信念是否行得通呢？答："行不通。因为我不喜欢这样的感觉，所以我会焦虑，而我又会因这种焦虑心理而不安，这真是极其不幸。但是，这种情况也不是那么糟糕，因此也不是必须不能存在的。我可以忍受这种心理，而且还能感受到些许的快乐。这种'糟糕的情绪（如焦虑心理）使我不安'的想法真的很愚蠢。"

为了辩论这些非理性信念 IB^2，你还可以采用务实型辩论法："如果我相信，我绝对不能焦虑，我没有现实中表现得那么良好，这种信念是否行得通？"答："行不通！我会为我的焦虑情绪而感到不安！"

所以，你可以找到导致焦虑情绪的非理性信念（IBs），而且可以对其进行辩论并改变它；如果你对自己的焦虑情绪（C^2）感到焦虑，你还可以找到非理性信念 IB^2s，并对其辩论，从而最大限度地缓解你的继发焦虑症。

在理性情绪行为治疗的过程中，我们会大力鼓励客户坚持做一些练习（认知、行为和情感练习），我将在以后的章节中予以说明。为了帮助他们，阿尔伯特·埃利斯研究所已研制出一种情绪行为疗法自助表格，你可以利用这张表进行自我辩论，并提出理性信念或一种有效的新哲学，见表 5-1。

图 5-1 列出了一些你可以做的思维练习。你先要找出干扰事件和后果，即不健康的消极情绪和自我挫败行为。然后，你问问自己是哪些诱发事件或不愉快事件导致了这些结果。然后，列出你的非理性信念（IB），并对其辩论（D），这样，你就会得出 E，即通过辩论非理性信念而产生的新信念以及有益的情绪和行为。

A（诱发事件）

- 概述让你困扰的情况。
- A 可以是内部的或外部的，真实的或想象的。
- A 可以是过去、现在、将来的事件。

IB（非理性信念）	D（质疑非理性信念）

识别非理性信念的几个要点：

- 教条主义的要求
  （必须、绝对、应该）
- 把事情想得过于糟糕的思维方式
  （太糟糕，太严重，太可怕）
- 低挫折容忍力
  （我无法忍受这样）
- 评价自己或他人
  （我/他/她很坏，毫无价值）

质疑自己的问题：

- 我怎么会产生这种信念的？这种信念对我有帮助，还是会让我失败？
- 有何证据支持这种非理性信念，这种信念与事实相符吗？
- 我的信念有逻辑性吗，是否源自我的个人偏好？
- 真的有那么糟吗（糟到不能再糟的地步）？
- 我真的不能忍受吗？

图 5-1

C（结果）

主要的不健康的负面情绪：

主要的让自我挫败的行为：

不健康的负面情绪包括：

- 焦虑
- 抑郁
- 愤怒
- 低挫折容忍力
- 羞愧/窘迫
- 伤心
- 嫉妒
- 内疚

RB（理性信念）

E（新的效果）

新的健康的负面情绪：

新的有建设性的行为：

理性思维要做到：

- 非教条主义的期望
  （希望、想要、渴望）
- 评价糟糕的情况
  （不好、不幸）
- 高挫折容忍力
  （我不喜欢这样，但我能够忍受）
- 不要全盘否定自我或他人
  （我和其他人都会犯错）

健康的负面情绪包括：

- 失望
- 忧虑
- 心烦
- 伤心
- 遗憾
- 沮丧

© 温迪·德莱顿 & 简·沃克尔于1992年编制。阿尔伯特·埃利斯研究院于1996年修订。

图 5-1（续）

理性情绪行为疗法自助表格样本（由焦虑症客户填写，当他在参加一次他渴望通过的测试或申请一份要求参加测试的工作时，他会感到焦虑），见图 5-2。

A（诱发事件）

> 我真的很希望能通过这门课程的测试，但是测试题目太难了。

- 概述让你困扰的情况。
- A 可以是内部的或外部的，真实的或想象的。
- A 可以是过去、现在、将来的事件。

IB（非理性信念）

> 我绝对必须在测试中取得良好的成绩。如果我测试成绩很不好，或我没能通过测试，则证明我是一个无能之辈！
>
> 如果这门课程不及格，没有获得学分，真是太糟糕了。

D（质疑非理性信念）

> 为什么我绝对必须通过这个测试呢？
>
> 如果我没能通过测试，真的就证明我是一个无能之辈吗？
>
> 如果我这门课程不及格，真的有那么糟糕（要多糟糕有多糟糕）吗？
>
> 如果我坚持认为，我必须通过这次测试，要是这门课程不及格，情况真的会很糟糕，会产生什么样的结果呢？

识别非理性信念的几个要点：

- 教条主义的要求
  （必须、绝对、应该）
- 把事情想得过于糟糕的思维方式
  （太糟糕，太严重，太可怕）
- 低挫折容忍力
  （我无法忍受这样）
- 评价自己或他人
  （我/他/她很坏，毫无价值）

质疑自己的问题：

- 我怎么会产生这种信念的？这种信念对我有帮助，还是会让我失败？
- 有何证据支持这种非理性信念，这种信念与事实相符吗？
- 我的信念有逻辑性吗，是否源自我的个人偏好？
- 真的有那么糟吗（糟到不能再糟的地步）？
- 我真的不能忍受吗？

图 5-2

C（结果）

主要的不健康的负面情绪：严重的测试焦虑症。
主要的让自我挫败行为：避免参加测试或申请任何要求进行测试的工作。

不健康的负面情绪包括：
- 焦虑
- 抑郁
- 愤怒
- 低挫折容忍力
- 羞愧/窘迫
- 伤心
- 嫉妒
- 内疚

RB（理性信念）

我绝对必须在测试中取得良好的成绩，这种信念是行不通的，虽然如果我取得好成绩，我会非常高兴。

如果我测试不及格，情况会很糟糕，但这并不意味着我是一个无能之辈。

要是我测试不及格，没有什么可怕的，只是我会很不高兴而已。

如果我坚持认为，我必须通过这次测试，我会一直焦虑下去，但是，即使是那样，也不是什么真正可怕的事情。

E（新的效果）

新的健康的负面情绪：

感到担忧和失望，但是不会为参加测试而焦虑，也不会因为测试不及格而沮丧。

新的有建设性的行为：

如果我测试不及格，我不会认为自己是一个无能之辈。

在申请需要参加测试的工作时，我不会拖拖拉拉。

理性思维要做到：
- 非教条主义的期望
  （希望、想要、渴望）
- 评价糟糕的情况
  （不好、不幸）
- 高挫折容忍力
  （我不喜欢这样，但我能够忍受）
- 不要全盘否定自我或他人
  （我和其他人都会犯错）

健康的负面情绪包括：
- 失望
- 忧虑
- 心烦
- 伤心
- 遗憾
- 沮丧

© 温迪·德莱顿 & 简·沃克尔于1992年编制。阿尔伯特·埃利斯研究院于1996年修订。

图 5-2 （续）

如果你定期运用这些表格（尤其是当你初次学习理性情绪行为疗法的原则和实践）来帮助克服焦虑问题，你就会熟练地找到非理性信念，并对其辩论。最终，你会产生一种有效的新信念以及有益的情绪和行为。

How to
Control Your Anxiety
Before It
Controls You

第6章

建立有效的理性信念

关于如何控制你的焦虑症，并尽量减少你的沮丧、愤怒、不足和自卑感，理性情绪行为疗法（REBT）可以为我们提供很多方法。这是因为人类都会有许多不必要的困扰，他们可以使用各种方法来应对这些困扰。此外，1956年，我参加了美国心理协会在芝加哥举办的有关理性情绪行为疗法的年度大会，正如我在大会上所做的演讲中所说的，人类的思维、情绪和行为绝不是独立运行的，这三者之间有着至关重要的联系。当你遇到不愉快的事情时，你的大脑会进行一系列的思维活动，同时你还会因此产生一些情绪。你的情绪活动会包括一些重要的思想和行为活动；你的行为活动也会包括一些重要的情绪和思想活动。

因此，当你为不愉快事件或潜在的不愉快事件而感到心烦意乱时，你需要知道是什么样的思想和行为导致了这种情绪困扰；当你想要缓解这种心理，或是不想再感到心烦意乱时，你可以利用一些认知、情绪和行为方法未达成这种目的。理性情绪行为疗法是一种开拓性的整合式治疗方法，它能为我们提供各种方法，来缓解我们的不安情绪以及因此产生的思想和行为。本章和接下来的几章将探讨一些其他的思维方法以及辩论非理性情绪的方法，以帮助你控制你的焦虑感。

一套完整的理性情绪行为疗法 ABC 模式还包括 D 和 E。在 D 点，你对那些使你产生焦虑感的非理性信念进行辩论；在 E 点，你会产生新的信念，或者可以说是一种有效的新想法，这种想法会将你的非理性信念转变为理性信念。

以表演焦虑症为例

约翰是我的一个客户，他是一个情绪稳定、不易受干扰的人。他是一名音乐老师，其职业道路一帆风顺，而且家庭生活也很美满。但是，他所在的学校每年要举办一两次小提琴演奏会，他为此感到格外忧心。他的 ABCDE 模式如下：

A（潜在的不愉快事件） 按照学校安排，约翰每隔几个月就要进行一次小提琴演奏，虽然他是一个出色的小提琴家，但一想到自己可能会在演奏会上出丑，他就会担惊受怕。他的学生会看到他的表演，如果出丑的话，他很可能会受到严厉的指责。

RB（理性信念） "也许我会发挥不好，可能还会受到严厉的指责，这是一件不幸的事；但是，那仅仅是我的表现很糟糕，我不希望会发生这样的事情，即使是那样，也不会发生什么可怕的事情。另外，我也可能会发挥得很好，并因此获得许多人的认可。"

C（理性信念的结果） 一定程度的担忧会使约翰加倍努力练习，以期待在演奏会中有更好的表现。

IB（非理性信念） "我绝对必须在演奏会中发挥良好！如若不然，人们会取笑我，那将是多么可怕呀！我会丧失我作为一名音乐老师的声誉，我会受不了的！要是我发挥不好，我就是一个拙劣的小提琴家，我就是一个无能之辈！"

C（非理性信念的后果） 严重的焦虑感，会逃避练小提琴，因为每次练习时，他都会提醒自己——他可能会失败，并因此受到严厉的指责。

D（与非理性信念辩论）"为什么我绝对必须在演奏会中发挥良好呢？只是因为它会给我带来我想要的尊重和赞誉吗？"

E（有效的新信念）"虽然如果我在演奏会中发挥良好，我会很欣慰，但是认为我绝对必须发挥良好这种信念是没有道理的。"

D（辩论）"如果我表现不好，人们真的会取笑我吗？"

E（有效的新信念）"其中有些人可能会取笑我，但大多数人可能会感到失望，他们会认为我当晚没有发挥好。如果一些听众（甚至所有听众）取笑我，有什么可怕的吗？我不应感到害怕，只是会有点儿麻烦，但绝对算不上是生活中所发生的最糟糕的事情。可怕意味着太糟糕，而且绝对不能发生，但是如果真的发生了，而且这种情况确实会出现，我当然不会感到高兴，但我不会认为这种情况很可怕。"

D（辩论）"如果我在演奏会中发挥不好，我真的会丧失作为一名教师的声誉吗？"

E（有效的新信念）"不，大概不会。我在演奏会中发挥不好并不意味着我是一个不合格的音乐教师，大多数人还是会认为我是一个合格的音乐教师。即使我丧失了作为一名教师的声誉，为什么我不能忍受呢？"

"我绝对忍受得了，这又不是什么要命的事，我只是可能会被解雇。除了教学这件事值得我享受外，生活中还有许多值得我去享受的事情。"

D（辩论）"如果我在演奏会中发挥不好，就真的意味着我是一个拙劣的小提琴家，一个无能之辈吗？"

E（有效的新信念）"不是的，这只是意味着我在这场演奏会中表现得十分糟糕，我可能在其他演奏会中如我过去的表现一样重新发挥出良好的水平。如果我的小提琴演奏相当糟糕，我就是一个无能之辈吗？当然不是！我的小提琴演奏水平与我的人格没有什么关系。我还有许多其他特长，我会做许多事情，即使有做得好的，有做得不好的。因此，如果我小提琴拉不好,并不意味着我是一个'坏人'——正如,如果我小提琴演奏水平很高,也不会让我成为一个'好人'。说我好或说我坏都是一种以偏赅全的信念,并不意味着什么。我会做'好事'也会做'坏事',有时,我在小提琴演奏会上表现很好;有时,特别是当我焦虑不安时,我的表现会很糟糕。如果这次我未能发挥好,我会强化练习并希望将来能做得更好。"

如果约翰按照上述理性情绪行为疗法 ABCDE 模式进行实践,他首先会因演奏会而感到焦虑,随后他会冷静下来,当演奏会开始时,他可能会发挥得很好。即使他发挥不好,他极有可能会因为没有达到预期的水平而感到抱歉和遗憾——但他不会感到焦虑或抑郁。

按照上述方法进行辩论后,就会产生 E,一系列有效的新信念。每次当你感到焦虑不安时,按照理性情绪行为疗法中的方法进行辩论,你就会产生 E(一种有效的新信念)。如果你按照这种方法做,并真正相信 E,当遇到失败或遭拒绝时,你将不会再感到过度焦虑,而且以后再遇到失败、拒绝和不快时,你也不会感到不安了。

为了巩固辩论信念,你得出了一种有效的新想法,你可以写下你能用到的理性应对方法,来克服这种焦虑感。以后,当你感到焦虑不安时,你还可以继续使用这些:把这些写下来,思考一下,通过不断重复,让它们牢牢刻在你的脑海中和心中。约翰害怕在小提琴演奏会中发挥不好,当我协助他练习这种方法时,我发现他的理性应对陈述是这样的:"虽然我很希望自己能在即将到来的演奏会中发挥出良好的水平,但是我也不是'绝对必须'要有这样的结果。如果我发挥不好,天也不会塌下来。"

"如果有人因为我表现很糟糕而取笑我,我没必要太当回事。他们可能是自己的思想有问题,还有可能是对我有什么敌意。但是,无论是不是他们的问题,我都会欣然接受他们的嘲笑,我不会因此而害怕。"

"没有什么事情是可怕的,我在演奏会中发挥不好也不是什么可怕的事。如果发挥不好,我只是会感到极其不高兴,我会从中吸取教训,以便在将来的演奏会中做出更好的表现。"

"人们不会因为我偶然一次发挥失常,就认为我是一个不合格的音乐教师。如果他们这么认为,显然是他们存在偏见,我没必要把他们当回事。即使我可能有时会发挥不好,我仍然认为自己是一个相当不错的音乐老师。"

"如果我在即将举行的演奏会中发挥不好,我也可能不会失去音乐教师的声誉。但是如果确实如此,我还是会继续义无反顾地去教音乐,甚至可能会教得更好。"

"不管怎样,在演奏会中发挥不好不会让我变成一名拙劣的小提琴家,因为即使最伟大的小提琴家也有发挥不佳的时候。如果万一我成了一个拙劣的小提琴家,也仍然不能说明我是一个无能之辈。我还会做许多事情,演奏小提琴只是其中之一。即使每次演奏会我都发挥不好,也不能断定我就是一个'坏人',我可以去提高自己的水平或者选择放弃!"

再者,当你对非理性信念进行辩论时,你会得出 E(一种有效的新信念),这种信念通常都是以一种理性应对陈述的形式存在的。你可以反复思考,添加一些陈述,最终你会得出许多类似的理性应对陈述;你也可以利用它们来应对你目前的焦虑心理,它们会帮助你克服将来可能会产生的焦虑心理。这些自我陈述是一种积极的思维形式,你可以在不进行现实型、逻辑型和务实型辩论的情况下,组织一些自我陈述,但是你的自我陈述也可能过分乐观,或存在虚假成分。

因此,你可以说,正如约翰在练习这种理性应对陈述时所说的:"不管我在演奏会中发挥得好与坏,这些都无关紧要。谁会在意吗?我只管去演奏,去拉动琴弦就行。我很伟大,我是一个学者,即使我是世界上最糟糕的小提琴家,又失去了音乐教师的声誉,还被解雇了,有人会因此而诅咒我吗?"

这种不切实际的积极思维可能会暂时缓解你的焦虑情绪——但这不会持续很长时间。因此,无论如何,你都要辩论这些非理性信念,并试图找出一些比较现实且合理的理性应对陈述,仔细思考一下,并做出一些改正。然后,利用这些理性陈述来缓解你目前和未来的焦虑感。

How to
Control Your Anxiety
Before It
Controls You

第7章

积极想象法和模仿方法

既然你可以利用理性处理叙述法以应对焦虑问题，那么，你也可以利用积极想象法。要做到这一点，你就要想象一下那些经常让你感到焦虑或恐慌的事情，并想象你能很好地应对这件事情，而不再为之劳神费心。

以公开演讲焦虑症为例二

桑德拉是一个电脑分析师，现在已经30岁了，她在13岁时就患有公开演讲焦虑症，她就是利用积极想象法克服了这种焦虑症。桑德拉总是避免在众人面前发言，即使是在小规模的观众面前，她也害怕自己声音会发颤，或害怕自己会说错话，害怕所有人都会看到她的糟糕表现。有一次，她升职了，按照工作要求，她需要向小组成员讲述新增加的工作事宜，并向他们解释经修订的操作程序。虽然桑德拉非常了解这些程序，但她还是害怕自己会解释不好，所有人都会认为她很愚钝，她会被降级至之前那个不太理想的职位。她为自己编了好几个借口，并推迟了那次演讲，但最后她还是必须要在一个更重要的场合上发表演讲。她很害怕，日日寝食难安。在我的心理治疗下，桑德拉很快就意识到了导致其演讲焦虑症的非理性信念："因为我知道如何操作电脑系统，而且操作技巧熟练，并因此得以晋升到目前的职位，所以我一定要向听众解释清楚，并让他们信服，这是新职位对我提出的要求。如果我不能向他们解释清楚，那么我何以胜任当前的职位？他们一定会认为我不称职，不配从事目前的工作。他们一定会看我的笑话！"

桑德拉意识到这些都是非理性信念，并开始驳斥这些信念。从而，总结出了一种有效的新哲学信念，即使并不善于演讲，她也不是一个不称职的人，她只是一个患有公开演讲焦虑症的人。为了使这种有效的新哲学信念根深蒂固，她运用积极想象法来巩固这一结论。

首先，她设想自己正和她的听众正常地沟通，没有一点儿紧张感。她只是担心自己讲述的内容，仅仅是担心而已，因此她几乎完全放松下来。通过这样一种设想，她能想象她可以正常地进行公开演讲，这种想法使她不再那么害怕。

然后，桑德拉想到她的听众曾问过她关于这次演讲的问题，她当时丝毫不紧张地做出了回答，所有人都对她的回答感到很满意。通过这样一种视觉化的想象，她看到自己能够控制讲话内容，而且还能控制自己的焦虑感。她还是会有一些不安，但只是一点点而已。她也会担心，但不会过度担心。

通过不断重复这种练习，并继续与那些非理性信念进行驳斥，桑德拉成功地以最低的焦虑感完成了她的首次公开演讲。她很快就意识到她可以在恐惧控制她之前先行将其控制，几个月后，她居然开始期待公开演讲的机会。

你也可以利用积极想象方法来克制对某件事情的焦虑感——如参加面试或准备测试，想象你能完全不紧张地完成这件事情，或者你能够掌控并完好地处理这一形势，或者你刚开始时会感到焦虑，但成功地应对并控制了这种焦虑感。在你进行这种积极的视觉化练习的同时，你可以审视一下那些产生焦虑感的非理性信念，如"我必须完美地完成这个任务，否则我就是一个不称职的人！"并积极地与这些非理性信念进行驳斥。积极想象法加上与非理性信念的驳斥可以大大降低你的焦虑感。

利用模仿方法

正如班杜拉和其他心理学家所表明的，还有一种控制焦虑感的好方法，即模仿那些在同样情况下不会感到焦虑的人。要做到这一点，你要咨询一下你认识的人，问问他们是如何最小化焦虑感的。你可以通过阅读传记和自传来看看那些名人是如何克服自己的焦虑感的。你还可以与你的教师、讲师和车间领导谈谈，看看他们是否受焦虑感的困扰，以及他们是如何克服焦虑感的。与那些在异常紧张的情况下能保持镇静、放松心态的人聊聊，以了解他们在面对那些情况时会保持什么样的态度。与那些曾经对某些事情感到非常焦虑，后来做了一些特别的事情来减少或消除焦虑感的人谈谈，看看是否你也可以用他们的方法来最小化自己的非理性恐惧。

How to
Control Your Anxiety
Before It
Controls You

第8章

成本－效益分析

当你担心会遇到一些可怕的情况时，你往往会倾向于逃避这种情况，从而摆脱这种焦虑感——这种逃避只是暂时的。然而，从长远来看，这样做只能增加焦虑感。因此，如果你对电梯有恐惧感，即便你从来没听说过有人曾在乘电梯时受到伤害或导致死亡，你也会尽量避免乘电梯。每次你这样做的时候，你往往会对自己说，"如果我走进电梯，很可能会有可怕的事情发生在我身上，所以我必须避免乘电梯，以防这些可怕的事情发生！"因此，你不断地对自己重申电梯可能带来的可怕后果，这样反而增加了恐惧感。

然而，如果你冒险尝试着去乘电梯，这样尝试几次下来，你会发现其实没有什么可怕的，这就打消了你之前的灾祸顾虑，也就克服了你的恐惧感。因此，你应该总结一下避免乘电梯的不利之处，列一个表，每天看几遍，说服自己不乘电梯的最终代价远远要大于其所带来的益处。通过这种成本－效益分析，你鼓励自己冒着短期风险，通过克服这种恐惧感来收获长期收益。这样的话，你就能在不健康的焦虑感控制你之前先行控制它。

用成本–效益分析制服焦虑感的例子

杰里非常害怕开车，虽然她是一个好司机，从来没有出过什么意外事故，她总是骑自行车、乘公交车或地铁上下班。有一天，她的朋友琼出车祸了，伤得不重，但之后琼再也不愿开车了。这给她的工作和社交生活带来了很大不便。不知道出于什么逻辑考虑，杰里也开始效仿自己的朋友琼，对驾驶产生了恐惧感。

我试着告诉杰里，她主要的一个不合理信念在于，"我需要绝对保证我永远也不会出车祸也不会引发一场车祸。因此，我必须避免开车，甚或避免乘车！"她对此提出了异议，她认为绝对保证根本不存在，而且她在车祸中严重受伤的概率也极小。

此外，杰里还进行了成本–效益分析，她将避免开车的所有弊端和冒险开车来克服自己的恐惧感的各种益处全都写了下来。这样做后，她发现克服开车恐惧感的短期不适要比永远处于恐惧感中并任之不断深化更有利。

你也可以像杰里一样做一个成本–效益分析，向自己证明，克服这种由不切实际的恐惧所带来的短期不适所花费的代价，要比长期沉浸于这种恐惧感所带来的不便低得多。

成本–效益分析对克服那些隐性焦虑也大有裨益。例如：那些吸烟成瘾的人会向自己保证戒烟，但随后他们发现戒烟带来的不适如此"可怕"，所以他们就会再次开始吸烟。他们担心他们不会坚守这一决心，因为他们害怕半途而废。因此，这种不确定性心理导致了焦虑感的产生。

更糟的是，他们可能会暂时戒烟，之后又会继续吸烟，并为这种"可恶的"软弱无能而深深自责。由于这种自我贬抑，他们的不安和焦虑感比之前更甚。

如果你患有这种双重瘾性焦虑症，你可以将成本–效益分析方法用于以下两个主要方面：

1.保持这种瘾性，通常只专注于其优点，如吸烟的乐趣，并刻意忽略其缺点，如潜在的肺气肿和肺癌、吸烟的费用、对不抽烟者的冒犯。因此，如果你花几天的时间将吸烟的弊端列一个表，可能会多达10个或更多，并确保你将这些弊端写下来，每天至少看五遍，这些弊端将根植于你的意识中，并减少你对戒烟的后顾之忧（或任何其他嗜癖），对你戒烟很有帮助。你很可能会看到你每天都在关注的吸烟花费根本不值得，你会因而减轻对戒烟困难感到"恐怖"的不适焦虑。

2.你还可以研究一下戒烟弱点的自我贬抑（或其他一些嗜癖）。即使你完全无法戒烟，并因为缺乏这种能力而倾向于苛责自己，你还可以写下这种自责所带来的明显的缺点，每天看几遍，有助于你真正实现一种无条件的自我接纳。这种方法可以消除你的大部分焦虑，因为自责往往是焦虑最主要的来源。

并不是所有形式的焦虑都适合使用成本－效益分析的方法来解决，但该方法可适用于一些最糟糕的形式，如源于自我贬抑的焦虑，这种方法大有裨益。自我摧毁行为往往源于你拒绝接受这种活动的弊端。成本－效益分析方法使你的注意力放在焦点问题上，并阻止你只关注于这种有害嗜癖的快感。

How to
Control Your Anxiety
Before It
Controls You

第9章

心理教育

利用心理教育材料

  1955年1月，我第一次开始尝试理性情绪行为疗法（REBT），我发现一些焦虑症客户从我发表的文章和书籍中学到的东西要比治疗期间学到的东西多得多。例如，詹姆斯对他的性能力感到很担忧，他过去一直跟自己说："我必须保持一种极好的能力，以在性交时满足未婚妻的需求，否则我就是一个性无能者！"这种非理性信念反而导致了他的无能，这样他就开始诅咒自己的无能，这让他自己更加焦虑。在理性行为治疗前期，他通过与这种非理性信念进行驳斥而取得了一些成功，之后，他又阅读了我在《美国性悲剧》一书中所写的一些关于性的文章，以及我写的《性心理和婚姻问题》和《男性的性机能不全》等文章。

  这些文章使他更加清楚，他对性能力的需求是其焦虑感的主要来源，而并非是源于他的愿望，通过驳斥这些需求，他很快就打消了这种焦虑感。像其他客户一样，他在报告中说，这些书面资料对他帮助很大。因此，在纽约的阿尔伯特·埃利斯理性情绪行为疗法研究所中，我们总会给我们的客户分发一些理性情绪行为疗法小册子，并建议他们聆听我们的音频和视听磁带，以及阅读我们所写的一些书籍，以便他们了解理性情绪行为疗法的原则和实践。对于那些病情严重的患者，特别推荐我写的以下书籍：《理性生存指南》《个人幸福指南》和《如何坚决拒绝使自己生活中的每件事情都变得糟糕透顶——是的，每件事情！》。在我们经常为焦虑症患者推荐的一些录音带中，其中有我刻录的《如何成为一个完美的非完美主义者》《停止忧虑的21种方法》和《征服迫切的爱需求》。此外，我们还推荐聆听以下磁带：阿诺德·拉扎勒斯的《学习如何放松》和迈克尔·布罗德的《在最短的时间内克服你的焦虑》。

我们的研究所还会举办很多讲座和研讨会，并建议客户积极参加。人们似乎尤其热衷于我在星期五晚上主办的有关日常生活问题的研讨会。研讨会上，我经常会向自愿走上讲台，有严重焦虑症或其他情绪问题的志愿者进行现场治疗演示。在向这些志愿者展示如何应对他们的焦虑、抑郁或自我贬抑时，我也向其他观众演示了如何应对他们自己的困扰。许多焦虑症患者都从这种模仿方式中获得了帮助。

例如，大卫经常被女性拒绝，他又不愿意采用理性情绪行为疗法，但是当他听说我向其他两位志愿者演示如何克服类似的社交焦虑症后，受此激励，他开始尝试理性情绪行为疗法，很快就减少了自己的社交焦虑。许多参加周五晚间研讨会和其他研讨会的人们都通过这种方式降低了他们的焦虑感，不管他们是否接受过我们的治疗。

利用教学和指导法

很多年前，约翰·杜威曾指出，当向另一个人传授某项技能或课程时，你往往能巩固自己的所学。我还发现，如果我向别人传授理性情绪行为疗法的主要内容，他们反过来还会教给他们的朋友和亲戚，不仅这些人可以因此大大受益，老师也会更好、更深入地将理性情绪行为疗法应用于解决他们自己的问题中。

以写作焦虑症为例

例如，安妮·玛丽通过参加我的治疗讲座、阅读我所写的书籍以及聆听研究所的录音带和录像带，了解到了理性情绪行为疗法。她对学期论文写作的焦虑感也大为改善。但当她开始向她所遇到的其他焦虑者讲述理性情绪行为疗法时，她的这种焦虑感有了更大的改善。她有三个女性朋友受焦虑症的困扰，她将她们带到我这里进行进一步的治疗，在此之前她已经部分改善了她们的症状；在帮助她们进行治疗的期间，她完全消除了自己写学期论文的焦虑，并主动多写了两篇论文，在此之前，她还对写论文这件事很恐慌呢。她变得如此善于向他人——以及向自己，讲述理性情绪行为疗法，最后，为了成为一名治疗师，她决定去读研。

自己尝试一下吧。学习理性情绪行为疗法的原则，并将这些原则教给一些愿意接受这些原则的朋友和亲戚。当这些原则根深蒂固在你的大脑中时，你就会变得更善于利用这些原则来减轻自己的焦虑。

How to
Control Your Anxiety
Before It
Controls You

第10章

放松和分散注意力方法

利用分散注意力

许多世纪以前，古代哲学家发现，当人们感到焦虑时，他们可以通过几种形式的冥想和瑜伽来干扰那些非理性的恐惧，并暂时使他们平静下来。这是因为焦虑和担心源于对某件事情的专注和沉迷。但是，人类的大脑不能同时关注于两件事情。如果你对在公共场合表演、朗诵或唱歌感到焦虑，是因为你往往把重点放在如何才能表现好："我绝对必须做好，如果不能够的话，那我就是一个无能之人。"你可能会沉迷于这种信念中——结果会表现得非常糟糕。

然而，如果你强迫自己只专注于表演、朗诵或演唱的内容——专注于你扮演的角色、朗诵的诗歌或你演唱的歌词和音乐，你就会将你的注意力从如何表现转移出来。因此，你将不再那么焦虑，至少是暂时不会。事实上，将你的注意力放在你表演的内容上，你可以完全忘记你的表现会怎样——至少当时你完全不会感到焦虑。这就是人脑运作的方式——专注于某一件事，而不再为另一件事而担忧。

你还可以使用许多其他的干扰方法来暂时避免为某件事情担忧。冥想，瑜伽，埃德蒙·雅各布森的渐进式放松运动，生物反馈，阅读，娱乐，观看体育节目——只要是要求你全身心集中注意力的事情差不多都会有所帮助，只要不是那些让你担忧的事情就行。

以埃德蒙·雅各布森的渐进式放松运动为例。你每次都会专注于放松你的某块肌肉，从你的脚趾肌肉到头部肌肉。当专注于你的各种肌肉的同时，你会发现自己无法集中精力去注意如何表现得更好，以及如果你表现不好会产生什么可怕的后果。

你还可以使用赫伯特·本森著名的放松疗法，其原理如下：您可以选择一个单词，如"和平""一"或一些有意义的短语。找一个舒适的位置坐下，闭上眼睛，放松你的肌肉。慢慢地、自然地呼吸。当你呼气时，不断重复你所选的单词或短语。专注于你的呼吸、你的松弛和让你感到平静的单词或短语。尝试无视那些侵入性想法，尤其是令人担忧的想法。如果他们入侵你的思维，保持一种轻松和被动的心态。这样尝试10～20分钟，每天尝试一到两次。

所以，当你再次想要阻止这种焦虑时，你可以利用一些可用的分散注意力方式。专注于一些愉快的任务或事情，你会发现你很难分心去担心别的事情。然而，干扰方式并不是治愈焦虑感的灵丹妙药，因为这种方式几乎不能改变你的焦虑制造理念。当放松疗法结束后，你往往会重新回归旧有的思维方式。

为了在焦虑感控制你之前永久地将其控制住，你无论如何也要利用本书中介绍的各种方法，尤其是在应对那些持久的非理性信念时，这些非理性信念是你的焦虑和恐慌的主要来源。

How to
Control Your Anxiety
Before It
Controls You

第11章

克制过度思考法

像其他人一样,你变得焦虑的主要原因之一是,你对情绪困扰因素中A(不幸事件)的错误认知或夸大。因此,由于飞机坠毁事件的戏剧性和突发性,你会认为乘飞机很危险。事实上,每年因飞机失事而丧命的人只有不到300人,而每年死于汽车事故的人却多达6万人。然而,越来越多的人在乘坐飞机时总感觉会比乘坐汽车要恐慌得多。

同样,几乎很少有人因求爱被拒而受伤或死亡——虽然少数人因此愚蠢地自杀了。然而,更多的人对求爱被拒的担心远比损失金钱或工作要大得多。因为他们错误地认为,"既然我心爱的人都拒绝了我,我再也不会找到更好的爱人了!"

你可以对那些经常导致你产生焦虑的夸大、误解以及错误认知进行审视和重新估量。这样,你也就可以重新定义这些错误认知了。

批评焦虑感示例

玛丽莲是我的一个理性情绪行为疗法客户,她每次"看到"有人皱眉或大笑时,就认为他们是在对她表示不满或嘲笑。她将此理解为一种"可怕的"不幸事件(A),我们将此理解为结果事件(C),她因此而感到焦虑。当然,人们皱眉或大笑可能会出于很多原因,其中大部分与她无关。但她太担心可能会受到批评，因此她"看到"人们所做的几乎任何事情都是对她的一种严肃的批评。于是，导致了她这种长期焦虑的生活。

我首先使玛丽莲意识到即使人们确实在批评她，她也并不是因为他们的批评（A）而感到万分焦急的（C）。相反，主要是由于她自己的信念（B），"我绝对不能被别人批评，如果我被批评了，这意味着他们彻底地鄙视我，觉得我是一个不可救药的笨蛋，他们会向别人这么说。多么可怕！我不能忍受他们的批评！"

帮助玛丽莲发现和批评（D）其非理性信念（IBs）的同时，我也向她展示了如何检查和重塑她的不幸事件（As）。难道所有人皱眉或大笑都是针对她吗？难道他们这么做不是因为其他一些与她无关的原因吗？难道每次皱眉或大笑都意味着人们看不起她吗？

在进行这种反思期间，玛丽莲很快就意识到大多数人皱眉和大笑与她没有任何关系——他们因她讲的笑话而开怀大笑，认为她很诙谐，其中一些人实际上对她很有好感。通过这种方式抑制自己去思考人们的皱眉和大笑，同时对害怕被批评的恐惧感这一非理性信念进行驳斥，玛丽莲不再那么焦虑了。

你也可以检查一下那些看似存在于你生活中的不幸事件，看看他们是否真的存在，还是你只是想象或夸大了它们。利用理性情绪行为疗法，你还可以看到真正的不幸事件，包括相当严峻的事件，这是一种挑战，而不是一种恐惧的事情。因此，你可以将失业视为一种获得更好工作的机会或接受更好职业培训的机会。你还可以将"可怕"的分手视为一种发展其他关系和寻找更适合你的伴侣的良机。

总之，如果你认真地利用理性情绪行为疗法，你可以看到，即使是生活中最不幸的事件——例如患癌症或近亲的死亡，也只是一种人类悲剧，而不是什么毁灭性的恐怖事件。通过这种方式，你可以为那些可能困扰你的事件做好最坏的打算，但你仍然可以下定决心去应对它们，从而过上一个合理的幸福生活。迎接严峻的不幸事件所带来的挑战，并看到如果不幸真的发生了，你仍然可以保持积极的心态，这是你应具备的最好的态度，也是你送给自己的一份礼物。

How to
Control Your Anxiety
Before It
Controls You

第12章

问题解决法

当存在严重的实际问题或生活压力，而你又不知道如何去处理或解决时，焦虑会控制你的情绪。当你要求自己必须找到一种便捷、简单或完整的解决方案时，你会感到恐慌。你对这种绝对的解决方案的要求越少，你就能越从容地去寻找潜在的解决方案，并能从容地去尝试，直到你找到可行的方法，而且你不会产生严重的焦虑情绪。

理性情绪行为疗法还可以帮助你寻找有效的解决方案。通常情况下，首先，你要停止一些不切实际的要求，比如你必须找到一种便捷和完美的解决方案。然后，当你停止恐慌时，它会向你说明如何有效地解决问题。理性情绪行为疗法能教你如何有效地解决问题吗？是的，当你在解决问题或做出决定时遇到麻烦，它会告诉你如何通过一些规则和技巧来解决这些麻烦，这些规则和技巧也是企业和组织管理中经常会采用的方法。

个人决策焦虑症示例

让我来讲一讲曼尼的故事吧，曼尼是一个出色的零售业务员，他经常要做出一些决策。对他来说，这毕竟只是一种挣钱与赔钱的事情，如果今天赔钱了，他敢肯定他明天就可以将这些钱挣回来，这完全没有问题！

不过，曼尼对他的个人生活却异常焦虑。他认为他绝对必须找到一个合适的妻子，必须让孩子上最好的学校，必须照顾好年迈的父母，这样他们才能健康长寿，而且他还必须受朋友的欢迎。如果在个人生活中，他不能完美地做好任意一方面，他就会认为他会失去地位，别人也会看不起自己，会认为自己是一个白痴、一个可怜虫。无论他在工作中是多么能干，有多少人尊重他，曼尼还是担心自己在个人生活中会有什么不足。

正如你在理性情绪行为疗法中得知的，曼尼的困难源于他坚持认为他绝对必须做到他认为正确的事情，否则他就是一个彻底的失败者。如果他的个人决定很愚蠢或是错误的，他的业务成就对他来说就不重要了。在理性情绪行为疗法治疗期间，我让他意识到他不能保证一切都会成功，尤其是在个人领域方面，因为个人关系不仅取决于他对别人做了什么，还取决于别人对他会有做出怎样的反应。当然，他根本无法控制自己的反应。因此，他可能会对朋友很好——而他的朋友也许不喜欢他或鄙视他。同样，曼尼可以为他的孩子选择"适合"的大学，而他的孩子也许会拒绝做家庭作业并选择辍学。别人也许会对他做出"好的"反应，而对他来说，则是徒劳无益的。

通过利用理性情绪行为疗法来辩论他的非理性信念，曼尼克服了许多有关解决个人问题的焦虑情绪。我告诉他，他直觉上知道如何解决实际业务问题，但他没有将这些方法系统化。我研究了一些他所使用的有关业务决策的解决方法，然后，我向他展示如何利用同样的步骤来解决个人问题。

你可以利用我向曼尼展示的这种问题解决步骤来做出决策，如企业、个人和其他现实中的决策。许多认知行为心理学家都曾对这一步骤做出过描述，如唐纳德·梅肯鲍姆（Donald Meichenbaum）、G. 斯皮瓦克（G.

Spivack)、M. 舒尔（M. Shure）、托马斯·德苏内拉（Thomas D'Zurilla）、亚瑟（Arthur）、克里斯蒂娜·根津（Christina Nezu）。该步骤可概括如下：

分析已知问题的状况。看看有什么明显的解决方案，存在的困难是什么。

找出几个解决方案，并找出一些备选方案。

尝试一些不同的解决方案，首先要用大脑去想，然后，如果可能的话，将其付诸实践。

检查一下每个备选的解决方案是否可行，是否优于其他的解决方案。

即使目前的一些解决方案可行，也要去寻找新的、更好的解决方案。

假设可行的解决方案不止一种，继续寻找备选方案，不要轻易放弃。

定义一个很可能会得到解决的麻烦情况或应激事物。

设定一个可以解决问题或减少问题的现实目标。

试想一下，其他人可能会怎样解决问题。

你所考虑的解决方案有什么优缺点。

当找到解决问题的方案和行动时，在头脑中进行演练。

试验性地尝试你所认为的最好的解决方案，看看结果如何。

即使是良好的解决方案，也要预期会有失败的时候，或会存在一些缺陷。

即使你没能找到一个良好的解决方案，但你尝试了，这点就值得祝贺和嘉奖。

How to
Control Your Anxiety
Before It
Controls You

第13章

无条件的自我接纳法（USA）

我在本书中一直贯彻的一个主题是：你可以找到那些导致焦虑情绪的非理性信念并对其辩论，这是一件很容易就能做到的事情。但是，如果你只是在思想上进行辩论（或者没有深入实践），你很可能还是不会放弃这种非理性信念。这是因为你在产生理性信念的同时，还会产生一些非理性信念。因此，你也许会产生一种微弱的信念，"我无需擅长体育运动，即使我做不好，我还是可以接受自己"。同时，你还会产生一种强烈的信念，"如果我真的不擅长体育运动，我完全就是一个无能的人，我真是太逊了！"如果真是如此，即使你有微弱的理性信念，那种强烈且持久的非理性信念也往往会占据上风。更糟糕的是，当你有意识地产生一种理性信念的同时，可能还会无意识地产生一种非理性信念。真是让人困惑，不是吗？

当你在辩论非理性的信念并试图将它们转变为理性的选择性期望时，如果你感觉这件事情很困难，那么就证明你这种潜在的非理性信念通常很强烈，也许你意识到了它的存在，也有一种可能就是你根本就没意识到它的存在。因此，理性情绪行为疗法总结了许多情绪治疗法和实验法来帮助你克服并改变这些非理性信念。本章介绍了一些主要的情绪治疗法，这些方法并不是要代替我之前所说的思维方法，而是要和它们共同搭配使用。

继古代亚洲哲学家（释迦牟尼和老子）之后，基督教提出了宽恕罪人，但不宽恕罪行的哲学信念，马丁·海德格尔、让·保罗·萨特、马丁·布伯、维克多·弗兰克尔和卡尔·罗杰斯等人提出了生存主义的哲学信念。现在，作为一种无条件接纳自我的方法，理性情绪行为疗法又被提出来了。这种观点完全不同于传统的有条件自我接纳或自尊。有条件的自尊是这样发展的：根据其概念，如果你表现良好或受到重要人物的认可，你就会自己尊重自己。正如著名的社会学家乔治·赫伯特·米德（George Herbert Mead）曾指出的，你对自己的认可在很大程度上取决于他人对你的评价。

在大多数情况下，这种信念不会产生良好的效果。首先，作为一个容易犯错的人类，你时而会表现得非常糟糕。其次，即使你在重要任务中表现良好，出于一些原因，还是会有很多人不喜欢你。再者，即使你表现得非常好，目前大家都很喜欢你，你怎么知道未来你是否还会获得成功，大家是否还会一如既往地喜欢你呢？有条件的自尊始终容易受到质疑，确实是始终如此。与人类生活的其他方面相比，这种有条件的自尊会导致更多的焦虑情绪，人们更容易感觉到自己的无足轻重。

无条件自我接纳的存在主义解决方案

为了克服有条件的自尊所带来的种种不良情绪，理性情绪行为疗法着重提出了这种无条件的自我接纳（USA）的方法，你可以通过这两种主要途径来获取这种理念。首先，站在存在主义者的角度，你可以这样说服自己："我是一个有目标、有选择的人，我和其他人是一样的。只要我还活着，只要我作为人类大家庭中的一分子，在某种程度上，我就是一个与众不同的人，不管我表现良好与否，他人认可我与否，我都会选择无条件地接受自己。我更喜欢获取成功，更喜欢得到别人的认可，但是，我的价值并不是由自己的成就或他人的认可决定的。我的价值只取决于我自己的选择，我选择活在这个世上，我是一个独一无二的人。"

这种无条件自我接纳的存在主义解决方案十分有效，我甚至可以向你做出肯定的承诺。只要你还活着，只要你作为人类大家庭中的一分子，你就是一个独一无二的人。因此，如果你单凭这些来接受自我，你就能够确定自己是"好人"还是"坏人"，你还可以自己做出选择。这是显而易见的，不是吗？自我接纳取决于你是否活在这个世上，是否是人类，是否是独一无二的，而这些都是不容争议的事实——并非取决于其他事情！所以，你的自我接纳十分可靠——只要你还活着，你就能接纳自己。

遗憾的是，不管是从哲学还是从科学方面来讲，这种有关人类价值的存在主义解决方案都是值得商榷的。从本质上来说，你是这样表述的："因为我是人类，我活着，我是一个独一无二的个体，我就是一个好人。"但是，哲学家或科学家也许会反对说，"是的，我知道你是人类，你活着，你是独一无二的个体，这些都是毋庸置疑的事实，但人类、活着和独一无二这些属性与你的价值并没有什么关系。你认为你的价值就是你是一个好人，但同时还可以被定义为一个坏人或一个不好不坏的人。你不能证明或否认这样一个真理：人性使你成为一个好人。你可以选择去相信它，也可以选择去相信其对立面——即因为你活着，你是人类，所以你是坏人。事实上，这种定义本身就是不正确的。"

所以，你坚持认为你是一个"好人"，因为你是人类，这是一个毋庸置疑的真理。或许，你可以证明，你的这种我是"好人"的存在主义定义是实用的，比起将自己定义为"不好不坏的人"和"坏人"来说，这种定义会让你取得更好的成果。但是，我们不能证明这是事实或是"真理"。因此，这是一个值得争议的命题。

无条件自我接纳的精妙解决方案

理性情绪行为疗法可以为你提供第二种无条件接纳自我的方法，这种方法不存在自主定义式自我接纳的缺陷。利用这种方法，你可以设定自己的目标和宗旨——例如，既然自己活在这个世上，那就要活下去，并快乐地生活（少点痛苦，多点快乐）。你会对这些目标和宗旨产生自己的思想、感受和行为，之后，你会对自己的思想、感受和行为做出评价。因此，你可能会产生这样一种信念，"我是一个有价值的人，我值得生活在这个世上，并去享受这种生活"。你会认为这是一种"好的"信念，因为这种信念使你产生一种继续活下去的愿望，你可以继续去享受生活。同时，你还会产生这样一种信念，"我是一个没有价值的人，我活该受苦受罪"；你会认为这是一种"坏的"信念，因为它会破坏你的目标。同样，当你在任务中获得成功，你会感到很愉快，这是一种"好的"感觉；而当你失败时，你就会感到不开心，这是一种"坏的"感觉，因为这种思维模式可以帮你带来快乐。再比如，你会认为克制自己不要暴饮暴食是一种"好的"行为，而放任自己暴饮暴食则是一种"坏的"行为，因为好的行为有助于你的生存状态，并能使你保持健康。

换句话说，你可以对你的思想、感受和行为做出评价，当他们有助于你实现自己的目标和宗旨时，它们就是"好的"；当它们破坏了你的这些目标和宗旨时，你就会认为它们是"坏的"。这些评价使你能按照自己所选择的目标和愿望活在这个世上，并能快乐地生活。如果你的愿望是要过着悲惨的生活，或是想要去死，你可能会使用完全相反的观点来评价这种"好的"与"坏的"思想、感受和行为。

好吧，你对你的思想、感受和行为的评价有助于你实现自己的基本目标。所以，这些评价都是有用的，从实用主义角度来讲，可以说是"好的"。在这里我想提醒你一下，这些评价本身并没有什么好坏之分——完全取决于你的目标和宗旨。你可以选择自己的目标，并能根据自己的喜好来改变这些目标。但是，一旦确定了这些目标，你就可以对你所做的任何事情做出"好"或"坏"的评价。当它们有助于你实现自己的愿望时，你会认为它们是"好的"；当它们阻碍你达成自己的愿望时，你就会认时为它们是"坏的"。这就是你看待事物的方式，当然，你有权这么去看待，只要你不把这种评价方式强加于他人身上就行，因为他人的目标和价值观也许与你不同。

这一切看上去清晰明了。但是，现在我们要来说说难点所在——大多数人都会觉得很难去实现或保持这一点。你说出这些时很容易："当我的行为有助于实现我的目标和宗旨，它们就是好的，而当它们阻碍我的目标时，它们就是坏的。"但是，因为你是人类，你会受到生物机能和生长环境的影响，你可能不自觉地就会对自己做出一个总体的评价。你往往会认为：当我的行为是无益的或是坏的时，我就是一个坏人；当我的行为是有益的或是好的时，我就是一个好人。这种倾向是对你这个人整体做出的一个评价：当你做好事时，你这个人本质就是好的；当你做坏事时，你这个人本质就是坏的。

阿尔弗雷德·科尔兹布斯基（Alfred Korzybski）曾于1933年出版了《科学与理智》一书，书中对这一点做出了说明。你往往倾向于用一种自我的标准来衡量一切，你会根据自己的行为来判断自己是怎样的一个人，几乎所有人都是如此。这是一个严重的错误，因为这是一种以偏赅全的信念，这种信念是不正确的。在你的一生中，你会做许多事情：好事情（有助于实现你的目标）和坏事情（破坏你的目标）。你是一个不断在改变着的人，你会做出不一致的行为，且很容易会犯错。当选择好一个目标后，你还会不时做出一些有违这种目标的行为。你也许选择不去做一些事情——但之后还会不时做出这样的事情。因此，很显然你不能仅仅凭一些你会做的事情或你不会去做的事情来对你自己、你的本质、你存在的意义做出评价。我们会做很多事情，不计其数的事情，你不可能单凭某一件事就确定自己是"好人"或"坏人"。然而，你却不断地得出这样的结论：当自己做错事时，你就会诅咒自己；当你表现好时，你就会称赞自己。正如科尔兹布斯基曾说过的那样，通过用这样的方式来回应自己，你会使自己"神志失常"，而且不管是个人生活还是社会生活都会很糟糕。

此外，科尔兹布斯基和许多心理语言学家还曾这样评论：你和大部分人一样都倾向于把自己的思维转化为语言；然后你的语言本身（与其他动物的原始语言相比，人类的语言有很多优点）很容易使你产生混淆，或欺骗你。这就是凯文·埃弗雷特·菲茨莫里斯（Kevin Everett FitzMaurice）所说的思维产物。它往往会凭单纯的想法来编造一些事物，因此，如果你某件事情做得很好时，你就会产生这样的想法："这种行为对我有利，所以我认为这种行为是好的。"你往往会忘记是你的思想将这种行为定义为好的行为，因此，你会说："这种行为（事情）是好的。"当你这样定义时，你只是看到了那种确实存在的东西（你的行为）是好的。

当设定好自己希望实现的目标和宗旨后，再去评价自己的思想、感情和行动，并确定它们是好的（有益的）还是坏的（无益的），通过这样一种方法，理性情绪行为疗法解决了这种自我评价产生的问题。但是，在你做出评价之后，它会让你就此止步："这种行为对实现我的目的来说是好的（要是不能帮助我实现我的目标，它就是坏的）。但我不会因为这件事就给自己做出一个全局性的评价。根据我自己的选择，它可能是好的，但不能因为这件事就证明我就是一个好人。而且，根据我的愿望，它也可能是坏的，但不能因为这件事就证明我是一个坏人。"

看上去只是你对自己所做出的一个简单的决定——尝试着坚持下去！通常情况下，你会发现你很容易就会判断出你的想法、感受和行为是"好"是"坏"，因为你知道你的目标是什么，你也知道要通过什么样的行为来实现这些目标。但是，一旦你用这种"好"或"坏"的标准来评价自己的行为，你会倾向于用这样的标准来评价你自己，来评价你整体是个什么样的人。你很难去抗拒这种倾向！这种能力似乎是人类在漫长的进化过程中演化而来的，所有的社会和文化也会去鼓励这种能力。当约翰打败狮子、成功拯救公主、在足球锦标赛中获胜或者孝顺他的母亲时，他都会受到称赞，父母、老师、童话、故事、电影、电视演讲等都在鼓励这种行为。这些"媒体"将约翰定义为"好人"，并强烈要求我们所言所行都必须以他为榜样。相反，如果玛丽对她的父母出言不逊、意欲陷害白马王子或在学校表现不好，我们的媒体会坚持认为——她无疑是一个"坏透了的人"。我们自然而然会通过某一个言行来概括出我们的通性。在这里补充一点，是这个社会造就了我们的这种信念。

我们怎样才能阻止这种荒谬的信念呢？理性情绪行为疗法表明，在理想的情况下，我们最好可以通过各种方式来评论我们的思想、感觉和行为，并针对我们的目标、宗旨和愿望来采取一些行为，看看它们是否有助于我们得到更多我们想要的东西，阻止产生那些我们不想要的东西。理性情绪行为疗法还表明，我们最好应该拒绝给自己做出一个全局性的评价。一个人是好是坏，我们永远也无法得出一个定论。我们只是在做一些好事和坏事——这是一种根据我们的愿望、目标和价值做出的判断。如果坚持这种理性，我们很可能会实现我们的愿望，而不是屈从于那种以自我为标准的评价，也不会以偏赅全地评价自己的本质。

然而，如果你发现你很难不对自己做出一个全局性的评价，只凭自己的行为好坏来判断自己的"好"与"坏"，那么，我们就又回到了自我评价的存在主义解决方案这个问题上了。你会带着一种绝对的口吻说："我是好人，因为我存在于这个世上，因为我是人，因为我是一个独一无二的个体！"你会坚持这种信念。你不能证明这一点，你也不能用事实或凭经验来否定这样一个事实。但是，这种信念行得通！

为什么无条件的自我接纳（USA）（正如我在本书中一直倡导的）在控

制焦虑情绪方面至关重要呢？由于有条件的自我接纳或有条件的自尊是焦虑的根源，让人不适的焦虑感或低挫折忍耐力确实也很重要。失去其中任何一种，你都不会长久地存活在这个世上。作为一个生物体，你一生可能会经历许多危险事情——如意外、疾病、他人的袭击、动物的袭击、仇恨和打斗。因此，你必须要谨小慎微，这样才能生存下去。而且，因为人是一种薄皮动物，所以你必须要比那些厚皮动物（如大象或犀牛）更加机灵和警惕。

为了使你能保护自己，自然之母赋予了你一种适度的担忧和谨慎心理。因此，一旦你遭遇车祸，你可能就会暂时放弃开车——甚至以后都不会开车了。一旦你曾在凌晨两点在一个黑暗的街道上受到过袭击，你很可能会避免在夜间外出——甚至白天也会尽量避免外出。进化论就是如此，只有这样，物种才能生存，而生存并不意味着你会快乐。适者生存往往意味着那些最谨慎和最易受到惊吓的人才会生存下去。

因此，这种让人感到不适的焦虑感实际上是在保护你的生命。它会减少风险，使你免受痛苦，并能保证你的安全。通常情况下，在面对极端情况时，它会使你提高警惕，保护你的安全——这种生活相当枯燥，因为你会受到许多限制，但你会活下去。

其实，最糟糕的焦虑不是源于这种过度的担忧心理，而是源于自我过度担忧心理。当你极其害怕在某个重要的任务中会表现不佳，最终他人会不认可你时，你就会产生这种自我担忧心理。

你肯定也想到了，应对这种自我焦虑或潜在的自我诋毁心理的最佳对策就是无条件的自我接纳（USA）。当你完全能够控制自我，或控制自我评价时，你就不会因失败和遭拒绝而感到过度焦虑了。

自我焦虑症示例

以丽塔为例。我是在理性情绪行为治疗过程中遇到丽塔的，初次见面时，她是一位美丽、聪明、能干的女士。那时的丽塔是一位有天赋的保险推销员，也是公司最年轻的销售员。毫无疑问，她也是最优秀的员工，她每年的业绩成果至少占公司的1/4。当时丽塔和一个帅气的经济学教授订婚了，她的未婚夫是几家大型商业机构的管理顾问。此外，丽塔还是空手道黑带高手。但是，她患有严重的社交焦虑症，其中一方面的原因是她的未婚夫结交的都是一些优秀的学术和商业专家，他们有着卓越的才能，博览群书，几乎精通各个领域。而丽塔只获得了大专学历，她所熟知的领域（销售）和她未婚夫的同事所精通的领域完全不同。丽塔确信，他们并没有将她放在眼里，她害怕自己会在他们面前说错话，她认为他们一定会鄙视她的。

丽塔几乎不会因焦虑而感到不安，因为她能处理别人避之唯恐不及的问题和困难，她夜以继日地工作，她在空手道培训班中能勇敢地与同组的男性进行对抗。但她受不了别人的批评，当她在客户面前做出错误的举动或在未婚夫的同事面前说错话时，她就会狠狠地将自己贬低一番。

起初，丽塔就无条件的自我接纳原则和我进行了深入的讨论。她曾将这些原则应用于她的销售生涯和空手道训练中，因为她努力尝试着使自己做出良好的表现，因此，她比大多数竞争对手都表现得要好，无论他们是男是女。所以，她认为个人的成就极其重要，只有当一个人的表现比那些行家和有才能的人表现都要好的情况下，他才是一个好人。虽然我同意她的这种说法——个人成就对一个人的生活至关重要（如果你认为它重要的话），而且当你表现出色时，你会获得很多好处（如金钱奖励），但是，我坚持认为，成就与你的个人价值无关，除非你错误地认为确实如此。为什么这是一个错误的想法呢？因为，正如丽塔这一案例所说明的，即使她在许多重要的领域都取得了成就，她还是会害怕将来可能不会维持这种成就感。而且，她会对某些领域感到焦虑，如学术领域，因为她并不擅长学术领域，但不仅仅是因为自己没有在这一领域取得过成就，其实也有其自身的原因。

我必须说，我非常擅长说服人们放弃这种有条件的自我接纳思想，因为正如我跟他们讲过的，这种思想是行不通的，除非它很完美——而且以后也将一直很完美。人类是会犯错误的动物，他们总会有表现不佳的时候——即使一开始他们表现得很好。我一开始并没有成功说服丽塔，因为她在某些方面确实做得很好，而且几乎不会失败。但是，即使她总能做出良好的表现，人们并不会总是认可她，因为别人出于嫉妒心理很可能会因为她表现得太好而拒绝接受她。终于，我成功地用这些理论说服了丽塔。例如，其他保险销售人员可能会因为她比他们做得好而不喜欢她；男人可能会因为她在空手道训练班中比其他人表现得优秀而不喜欢她；女人，包括她的一些朋友，可能会因为她的美貌而嫉妒她。不管怎么做，她都不会被这些人接受、认可。我通过这一点来向丽塔做出分析，首先，我使丽塔意识到优秀并不总能获得赞誉，优势其实也许会是一种不幸，那些不如她的人会给她带来麻烦。

然后，我还向丽塔讲述了其他几个别人可能会拒绝她的原因（即使她已做得非常好）。例如，人们可能不喜欢她独特的外表；或者，他们可能会出于宗教或种族原因而歧视她；或者，他们本来就是易怒的人，他们可能谁也不喜欢。

丽塔抱有一种追求完美的理念，她希望不管她做什么，大家都应该喜欢她。事实是，即使她比大多数女士都能得到更多的尊重和赞誉，也不是所有人都能喜欢她。而且，她还会因这种尊重和赞誉不能维持下去而感到焦虑；实际上，比起那些没她有才华、没她吸引人的女士来说，丽塔要比她们焦虑得多。

丽塔放弃了她那种要获得社会认可的迫切需求，这极大地缓解了她的表演焦虑症。她还阅读了一些我写的书籍，如《理性生存指南》《心理疗法中的理智与情感》，以及我发表的一篇文章《心理疗法和人类的价值》。

这些书帮助她去除了那种完美主义成就感，最终她"领悟"了。在一次心理治疗讲座的闭幕会上，她说道："突然间，我就醒悟了，我认识到所有有关好与坏的定义都是我们自己的选择，而且我们可以做出完全不同的选择。实际上，按照我们所言，这些都是我们自己给出的定义。当我们对自己的表现做出评价时，我们会先选择一定的目标（如在测试中获得A），然后我们会根据我们是否实现了这一目标来对自己做出评价。而其他人很可能会把他们的目标定为A+或B，因此，他们的表现评价就会与我们的有所不同。可以这样讲，我们选择了不同的目标，并据此对我们的行为做出评价。根据我们是如何衡量自己的表现，我们给自己做出一个全局性的评价。所以，自我的总体评价完全都是由我们的定义决定的，我们的行为是随机的，我们也可以选择不去这么做。但是，就像你说的，我们选择那么做是因为我们有一种强烈的倾向，所以，我们就照做了。真蠢，真是愚不可及！但我已经不会那么做了。我仍然会对自己的表现做出评价，但我会尽量不去评价自己。我不必那么做，而且现在我已经意识到那样做给我带来的伤害。所以，我会尽可能不去评价自己。我敢肯定的说，不是每次都能成功做到不去评价自己，但是，比起以前，我确实有所进步。这点我敢肯定！"

丽塔完全按照她所说的去做了。她很少做出自我评价，当她又要给自己做出评价时，她会立即停下那种想法。她谨守自己的信念，逐渐改善了那种严重的自我评价心理——至少从我个人的经历来说，她的心理状况是我见过的最严重的一个。为了证明她是"好人或坏人"，她要求得到他人的认可，同时也要求自己做出完美的表现，她完全明白两者的严峻后果。她不时会做出一些好的表现，也会做出坏的表现——这些行为会推动或阻碍她实现她的目标，但她很少对自己做出评价，也不会再对自己的个性做出任何评价。

如果你愿意这样做的话，你可以效仿丽塔的这种无条件自我接纳的方法。同样，你也可以因为你存在的意义、你是人类、你的独一无二这些属性而认为自己是一个"好人"或"有价值的人"。但你也可以采取丽塔的那种更精妙的方法，很少给自己做出全局性的评价。你只需接受自己的存在性、人性和独特性，而无需给自己做出一个全局性的评价。

你可以通过这种方式来缓解自己的焦虑感。你还是会为受到伤害、患病或死亡而过度敏感；你还是会因焦虑产生一些不适；但是，你的表演焦虑症和认可焦虑症会减轻很多。我希望，你仍然会努力去将重要的项目做好，并赢得重要人物的尊重。因为这样的话，你很可能会实现更多的愿望，避免更多的挫折。但希望并不意味着迫切需要，确实如此。不迫切需要成功或被认可，但仍对它们抱有渴望，这种心理会消除你那种确定、保证以及绝对要向你自己或他人证明你价值的信念。试试看吧，你会看到效果！

How to
Control Your Anxiety
Before It
Controls You

第14章

无条件接纳别人

可以确信无疑的是，人类是群居动物，极少有人能够完全独立地生活。当你精力充沛时，你往往会愿意与他人相处——家人、亲人、朋友、同学、邻居、同事。这种本能可能是与生俱来的，你存在的意义，在很大程度上取决于你与他人的关系。婴儿或孩童时期，你需要他人的照顾。少年和成人时期，你差不多就可以独立生活了。但你还是不能完全独立生活，因为你很难单凭自己的力量去种植庄稼、建造家园、编织衣服，以及做各种其他能够让你过上舒服生活的事情。耄耋之年，你通常会失去一些自理能力，因此与年轻时代相比，你需要得到更多的帮助。

除了使你继续活下去、舒适地生活和活动自如之外，他人往往还会为你带来快乐。你可以与他们聊天，爱护他们，一起满足性需求，一起工作，一起玩游戏、做运动，还可以从事许多其他的社会追求，你一定会享受其中。为什么这么说呢？因为你是人，作为人类，在交往、性、爱、合作的参与下，你可以生活得更好。这是人类的一种生物特性。

鉴于你具备这种社会属性，你应该与他人相处，并能与其中一些人保持密切的关系，这个是非常有必要的。成年后，即使你很少与人交往，你也能够过活，这是事实；甚至即使你隐居世外，你也依然可以活下去。但是，如果你能与他人建立友好和善的关系，你能生活得更好，你会过上更有趣、更丰富、更充实、更幸福的生活——这将有助于缓解你的焦虑感。

在愤怒控制你之前先行将其控制

要想控制自己的愤怒并不是一件容易的事情，这让人觉得非常的懊恼。这个世界上生活着形形色色的人，有人对你不好，有人对你不公平，也有人对你发脾气；有人容易发怒，有人容易沮丧，有人喜怒无常，有人难以相处，甚至有人心理变态，他们可能认为他们完全有理由苛待你。有些人会欺骗你或出于竞争心理陷害你，因为他们想要得到他们想要的东西，完全不会去考虑你是否能得到你想要的。还有一些人无缘无故地苛待你，或阻碍你实现自己的愿望。这时，你会怎么做呢？

很不凑巧的是，你也有你自己的愤怒倾向，有些是先天具备的，还有一些是后天培养的。他们很可能会激怒你，随后你可能会伺机报复他们。这样对你有什么帮助吗？这样就能弥补他人可能给你带来的伤害吗？几乎不会！因爱生爱，因怒生怒。如果你觉得他人对你不够友好，不管这种感觉是对是错，首先，你会对他们的行为进行批判，你会明确地告诉自己他们这种行为是不对的；然后，你往往会因这些错误的行为而迁怒于行为者。这就是愤怒产生的过程：首先，反对他人"不好的"或"错误的"行为；然后，严重的谴责和诅咒他人。

换句话说，就像你倾向于因"坏的"思想、感情和行为而给自己做出一个以偏赅全的评价或谴责自己一样，当他人举止态度恶劣时，你也会同样如此。你犯了这样一个错误，即在谴责罪行的同时也在谴责犯下罪行的人，因此你常常会因这种思想而惹上麻烦。

首先，我和奇普·塔夫瑞特在我们合著的书中表明，愤怒、激动、狂暴这些情绪会对你的效率和健康带来负面影响。愤怒会促使你去反对那些你不喜欢的人和事，你会因此做出一些冲动、盲目、徒劳无益的行为。当你对讨厌的人和事发脾气时，你很难做出周密的计划去改变或消除这种消极情绪。反之，你会采取一种过度决绝甚至是疯狂的方式，你会因此做出错误的选择，采取荒谬的策略，通常情况下，你不会去改正那些让你懊悔的情况。这样往往会让事情变得更糟。

其次，愤怒往往会扰乱你的整个人体机能，可能会导致一系列身心健康问题，如高血压、头痛、肠胃病、肌肉疾病，甚至会破坏你的免疫系统，其后果是非常严重的。在《控制愤怒》一书中，我们用一整章的文字讲述了愤怒的后果，你最好认真阅读一下，这样你就能做得更好。

再者，如上所述，在大多数情况下愤怒会导致打架、仇恨、争斗，甚至导致发生集体屠杀事件。人类的不良情绪会导致各种各样的罪行，其中愤怒是罪恶之源，愤怒会引发暴力、凶杀及许多其他罪行。每天读一读报纸，看一看新闻，你就知道了！

心理学家提出了各种释放愤怒情绪的方法，其中大多数方法都没有明显的成效。精神分析学家和许多经验丰富的治疗师也提出了一种宣泄理论，他们认为，你可以通过大喊大叫或击破几个拳击用的吊袋来将愤怒情绪宣泄出去，这种宣泄方式会避免你给他人或给自己带来真正的伤害。我不同意这个观点。上百个实验表明，你宣泄的愤怒越多，无论是口头宣泄还是身体宣泄，你的愤怒感就会越严重。还有一些心理疗法会建议你对他人的攻击采取一种被动、不抵抗的态度，这样他们反而会和善地对你。这种方法可能会阻止一些人对你发出攻击，但是，另外一些人可能会利用你的这种被动心理更加苛刻地待你。此外，这种被动、温顺的态度只能暂时抑制这种情绪，并不能真正缓解你的愤怒情绪，反而会让你更加愤怒。

另外，人们还提出了一些思想和身体放松法，例如冥想、瑜伽、逐步放松你的肌肉。这些方法会缓解你的愤怒感吗？是的，不过只是暂时的。这些放松法可能会令你转移愤怒情绪，使你放松下来，然而你内心很可能还会保持着这种愤怒观点，当那些苛待你的人故伎重演时，这些观点会扰乱你的内心，使你血压升高、情绪失控。

无条件接纳别人（UOA）

然而，正如理性情绪行为疗法所说，最好的解决方案往往是有哲学性质的。愤怒往往源于一种过分的需求，你认为别人绝对不应该、不能用他们可能会采取的卑鄙方式来对待你。如果你能真正放弃这种强求，你不仅能最大限度减少你对目前不公正的待遇所产生的愤怒情绪，而且将来还不会轻易爆发。可以肯定的是，人们常常会欺骗你、攻击你或对你食言，所以你可能转瞬间就会对他们的行为感到失望和不满。但是当你生气时，你会坚持认为那些让你生气的人绝对不能那样对你，你的失望和不满情绪就会升级为一种愤怒感。你坚持认为他们应该"正常"、"公平"地对待你，就是这种信念导致了你的愤怒——而并非是由他人的不良行为造成的。

理性情绪行为疗法讲述了许多认知、情感和行为方式，你可以利用它们来缓解你的愤怒情绪，同时也能缓解你的愤怒倾向。正如我之前提到的，我曾写过一本书——《控制愤怒》，通篇都是来介绍如何使用这些在理性情绪行为疗法中提出的方法。我将通过接下来的几段文字来介绍一下这本书的一些要点。

如何尽量减少你的愤怒情绪呢？主要的方法就是学习和实践无条件接纳别人（UOA）这一准则。正如我们了解到的，无条件接纳自己（USA），包括完全接受自己与承认并试图改变自己的缺陷、过失和错误。你清楚地意识到自己的错误，但你从来不会因为这些错误而惩罚责怪自己。正如我们在前面几章中提到的，从信念上而言，你只会对与你的目标和主旨相关的思想、感情和行为做出评价，而不会对你综合素养做出一个评价。如果你跳过本章看后面的章节，你就会看到有关无条件接纳自我（USA）的细节，并能掌握如何做到这一点。

无条件接纳别人（UOA）基本上是与无条件接纳自我等同的一个概念，只不过它适用于别人。它适用于所有其他人，包括那些你不喜欢的人和对你或对他人不好的人。简单点儿来说，无条件接纳别人是指接纳罪人但不接纳罪过。因此，当人们品行不良违背道德或对你（和其他人）苛刻时，你会对他们的思想、情感和言行做出评价。经过初步判断，你会认为他们的这些思想、情感和言行是"不当的"和"错误的"，但你会极力避免对他们这个人做出评价，你不会给他们贴上坏人、恶人或无能者的标签。

这并不是一件轻易就能做到的事情。作为一种群居动物，人们已经教会你去辨别哪些行为是"好的"，哪些行为是"坏的"，你通常会按照他们教你的方式来对这些行为做出评价。因此，你会认为偷窃、不忠、懒惰、说谎以及许多其他人类特征都是"坏的"，而与之相反的特征则是"好的"。

这没什么问题，实际上，可以说是利大于弊。因为，如果你认为人们那些不当和违反社会公德的行为是"不好的"或"错误的"，而你的评判标准与社会群体中大多数人的评判标准一致，这就可能会鼓励、帮助和教导那些行为不道德的人去改正他们的行为——前提是你不要因这些不道德的行为而严厉苛责他们。

也许无条件接纳别人并不能消除所有的愤怒、斗殴、谋杀、仇恨和攻击，但是对于解决这些人类难题来说，这种方法还是颇为实用的。如果你不管别人曾做过什么事情都愿意无条件接纳他们，而且不去认为他们不应该做一些不幸和可悲的行为时，你就会冷静下来，就能更理智地去思考他们的所作所为，去评判他们的行为是绝对错误的还是因一时失误造成的。

例如，如果你确信有人骗了你钱，你会指责她的错误行为，但是因为你会无条件接纳别人,所以你不会被她激怒。相反,你会对她很失望。然后,基于这种健康的负面感受,你就会去考虑她是否真的骗了你,还是只是因为她在计划中犯了一个错误;你会去想她为什么这么做(比如,她的孩子病了,她需要支付昂贵的手术费用);你会想办法让她补偿你;你会冷静下来,这样就能看清一些事情,至少能对她的行为多一些理解。然后,你就能更好地让她纠正她自己的行为,你会想出一种折中方案,以防她成为你人生中的敌人,并去帮助她改邪归正,这样她就不会再去欺骗别人了。在面对不公正的待遇时,无条件接纳别人以及因此产生的宽恕感往往有助于你理智行事,从而能鼓励他们不再对你和对他人采取不公平的待遇。

除了有助于缓解你的愤怒感外,无条件接纳别人是否有助于缓解你的焦虑感呢?答案是肯定的。当你因某人而发怒时,你往往会担心:①你对他们那种行为的判断是否是正确的;②你是否对他们太苛责了;③你的愤怒是否会失控,你是否会做一些非常愚蠢的事情;④让你感到生气的人是不是会反过来对你发脾气,会不会做出一些极端的事情来伤害你;⑤你是否是一个令人讨厌、脾气暴躁的人,是不是因为自己易被激怒而理应受此非难。

正如我在本书中曾说过的,焦虑感往往源于你对自己人格的贬低,其中还包括一种无能感。而愤怒感往往源于对他人人格的贬低,且不仅仅是对其恶劣行为的批判。因此,在这一方面,焦虑和愤怒有共同之处。当你沉浸于焦虑情绪中时,你也会促使自己产生一种愤怒情绪,反之亦然。这两种情绪都是源于一种以偏概全的信念,即人们绝对不应该做坏事,当他们这么做时,他们就必须应该受到谴责和惩罚。有时,人们会将自我贬低称为"自己惹怒自己"。有时,人们会将愤怒称为"贬低他人"。这两种情绪在理论上是密不可分的,如果你有这种贬低自己和他人的倾向时,你最好尽早预防这两种破坏性的情绪。

愤怒和社交焦虑症示例

马丁对如何控制自己的愤怒感不是十分感兴趣，他认为愤怒是情有可原的，而且他也从中获益匪浅。马丁曾被一个富有的制造商雇佣为贴身保镖，他能从事这个职位主要是因为他的老板在生意场合中非常武断。马丁的老板很害怕万一发生打斗，就会受到身体上的伤害。和马丁一起被聘用的还有两个警卫，他们两个昼夜不停地工作，来确保这个制造商不会在混乱的工会谈判中遇到任何攻击。马丁是在东哈林区街道上混大的，13岁就成了帮派头目，还曾当过职业拳击手，他什么也不怕——至少不会害怕受伤害。然而，就情感而言，他有着严重的社交焦虑症，他尤其害怕女性注意到他说话会结巴而且还非常害羞。所以，虽然他高大英俊，还擅长跳舞，而且比你想象中的保镖要聪明机灵得多，但是他很少与女性约会，他恨自己无法跟她们建立关系，而他的男性朋友却轻轻松松就能做到。

起初，马丁无法接受无条件的接纳自我这种想法。他的成长背景使他极其重视能力和成就，尤其是体能。年纪轻轻就担任帮派头目，之后又成为职业拳击手。因为他身强力壮、肌肉发达，还爱发脾气，所以他总能赢得大家的尊重和认可。他个人主观意识很强，而且随时准备用拳头来捍卫他的观点。所以，他的男性朋友都很尊重他，对他几乎唯命是从。这就是为什么他认为愤怒这种情绪利大于弊。

一开始，在向马丁讲述理性情绪行为疗法中的无条件接纳自己这一概念时，我也遇到了不少麻烦。他能理解这种信念，但他完全不会将其付诸实践。他已得到那么多人的认可，似乎并不需要自我接纳。他对他的父母很好，虽然他们很穷，没受过教育。他的妹妹西尔维亚在一次车祸中失去了一只手臂，他对妹妹特别照顾。所以，他觉得他是一个好儿子，也是一个尽职尽责的哥哥，因此在这些方面，他完全有理由尊重自己。

没过多久，我就向马丁表明他的社交焦虑症显然与他在某些方面的自尊是互相矛盾的。首先，他将体能作为衡量个人价值的标准，这在一定程度上是可行的。但是，他还将能否流利地与女性交谈并在她们面前表现出自信作为衡量其价值的第二个标准，这种标准并不可行。他一见到女性就会惊慌失措，还没和女性约会上几次，就被她们拒绝了。因此，他认为自己完全就是一个失败者，在与女性约会时，他还是会感到焦虑不安。

首先，我使马丁意识到虽然他对男性的自信是有理由的，他的这种自信主要是基于他那种高于常人的体能，那些像他一样的人会敬重他。同时我让他意识到如果他矮小而又瘦弱，或者即使他身强力壮但并不善于用拳头来征服其他男性，他很快就会觉得自己一无是处，就像一个傻子一样。他尊重自己的原因和那些男性尊重他的原因是一样的，只是因为他拥有超强的体能。要是没有体能，他就什么也不是。

我向马丁表明，在他那种特殊的生活圈子里，靠自己的能力脱颖而出并受到他人的钦佩，这点无可厚非，你也可以去指责那些不赞同你的人，所以他可以因此而产生自信。但是，其个人价值不应通过任何特殊的能力来衡量，而他却恰恰这么做了。在他和别人的眼中，体能使他成为"真正的男人"，而除了这种能表现出"男子气概"的能力外，他在其他重要方面还存在缺陷（他无法跟女性正常交往），这使他成为一个"软弱的人"，一个失败者。如果他根据某一方面的能力来衡量他的个人价值，那么他如果在一个能证明"男子气概"的重要方面不具备这种能力，他就是一个"毫无价值"的人。为了成为一个"好人"，他就不得不成为一个无所不能的人。

当我向马丁表明，按照传统的社会标准来看，他对其父母和妹妹的照顾也是一种良好的品格时，马丁感到很震惊。但是，这一点也不能证明他就是一个"好人"——他只是在某些方面做得很好而已。按照他自己的成就标准，要想成为一个"好人"，他就必须在所有方面都表现得很好。这是不太可能的！

当我尝试去应对马丁的其他"好的"特性时，如他往往喜欢通过发怒来威吓别人，我帮助马丁无条件地接纳自己，使他欣赏到他的优良特性，但告诉他不要将这些优良特性与他的个人价值联系在一起，在这些方面，我取得了一些进展。年轻的时候，他勇于向帮派对手阿尔弗雷多挑战，他不会因为阿尔弗雷多卑鄙阴险的手段而退缩，这是他引以为傲的事情。与马丁不同的是，阿尔弗雷多并不会拥护他认为对的事情，也不会用身体和拳头来捍卫他的观点。相反，阿尔弗雷多与这些犯罪组织的老手交往很深，他利用他们的力量把自己伪装得很强大。阿尔弗雷多诡计多端、谎话连篇，在必要的情况下，他还会利用这些人的协助来控制他人。

阿尔弗雷多仍住在老东哈林区，他参与毒品交易还有其他不正当的买卖。当马丁成为拳击手后，就与帮派划清了界限，直接搬到曼哈顿中区去了。但是，他还是会回去拜访他的老邻居和他的朋友——他还经常会和阿尔弗雷多打斗，以阻止他欺负街区的那些弱势群体，其中有些人还是马丁的朋友。

有一次，马丁看到阿尔弗雷多在欺负他的朋友托尼，他便与阿尔弗雷多打了起来，他很生气地告诉阿尔弗雷多，如果他胆敢再找托尼的麻烦，就会把他的头砍下来，让他流血而亡。虽然阿尔弗雷多要比马丁稍高一点，也比他更强壮，刚开始他毫不畏惧地站在马丁面前，但很快他就面露怯色，讪讪而逃了。最终，马丁战胜了这个"令人厌恶的卑鄙小人"，他为此感到很自豪。

马丁保护了他的朋友托尼，使其不再受阿尔弗雷多的欺负，我承认马丁所做的是好事。但是，我同时也要指出，除了厌恶阿尔弗雷多的残暴行为外，马丁还对这个人产生了一种厌恶心理。阿尔弗雷多罪行昭著，他通过强大的流氓组织来保护自己。与马丁不同的是，阿尔弗雷多不会按照自己的主见行事，也不会去捍卫他的观点，相反，当遇到麻烦时，他总会选择逃避或是用犯罪组织的方式和态度来处理问题。虽然他的行为让人反感，还很容易犯事，这是他的先天倾向和恶劣的环境造成的，而不应把全部责任都归咎于他本人。事实上，在遇到比自己弱的人时，阿尔弗雷多会表现出一种顽固的、恐吓性的态度，他会利用其强大的同伙组织威慑力来控制这些人。因此，如果马丁凭他自己的力量和脾气震慑住阿尔弗雷多，使他乖乖听话，那么，马丁也是在使用恐吓战术，他让阿尔弗雷多变成了一个可怜虫。在某种意义上，他是在利用阿尔弗雷多的弱点。阿尔弗雷多恐吓托尼是不对的，这种行为理应被阻止。但是，同样马丁恐吓阿尔弗雷多也是一种不公平的行为，并不像马丁认为的那样——这是一种值得钦佩的行为。

要想说服马丁并不是一件容易的事情，你很难让他意识到他对阿尔弗雷多的愤怒并不完全是一种善行，而且其中还存在一些真正意义上的不利之处。这对阿尔弗雷多是不公平的，因为这不仅仅是在谴责阿尔弗雷多所做的一些事情，还对他这个人进行了谴责；这对马丁来说也不公平，因为他把自己伪装成了一个大英雄，而实际上，他所做的事情是存在争议的。就像其他人的愤怒一样，他对阿尔弗雷多的愤怒是不对的，在某些方面，还会带来一些伤害。因此，我劝他不要执著于他的愤怒。

我的坚持不懈终于得到了回报。马丁最终认识到因阿尔弗雷多的恶劣行为而谴责他本人是不对的，这种行为也是不道德的。马丁说，他会努力克服这种心理。

他确实做到了。他对此事进行了深刻的反省，几个星期后他得出了答案。他约了阿尔弗雷多见面，想跟他谈谈他不断恐吓托尼这件事。他们见面时，阿尔弗雷多明显吓坏了，因为他认为马丁会像往常一样为了托尼受欺负的事情而威胁他、惩罚他。但是，马丁并没有跟他打起来，也没有威胁他。马丁只是解释说，他不喜欢阿尔弗雷多那样对待托尼，他觉得那种行为是不对的。他决定不去迁怒阿尔弗雷多，也不发火，只是去说服他，让他明白他的错误。"我知道，"马丁说，"你认为你的行为是正确的，但是我认为你恐吓托尼的这种行为是不公平的。我们两个的行为可能都不对，我承认我的行为不对，你也有不对的地方，谁都有可能犯错，你也有权不时犯些错误，但我可以接受这一点。所以，我认为你的行为是不对的，我希望你能够改正，但我不会再像以前那样去打骂你。我说过，你认为你的行为是正确的，你就有权保持这种观点。但我认为那是不对的，让我们就此和解吧。即使你故伎重演，继续苛待托尼，我敢肯定你绝对会这么做，我仍然会说服你去改变自己，但我不会因厌恶你而浪费自己的时间，扰乱自己的情绪。正如《圣经》中说的，我会尽我所能去承认，就托尼这件事而言，你犯了罪行，但我会接受你这个犯了罪行的罪人。所以我会放下对你本人的仇恨，并尽我所能只去厌恶你的所作所为。"

听到马丁的这一番言论，阿尔弗雷多大吃一惊，尤其是看到马丁并没有发怒，他的态度简直与往常截然相反。阿尔弗雷多承认他过去可能对托尼有些过于苛刻了，他会重新考虑一下他对托尼的行为。马丁和阿尔弗雷多的谈话在互相理解的氛围中圆满结束了，这着实让人惊讶。

马丁当然也感到很惊讶。告别阿尔弗雷多后，他回想了一下他们的谈话，他有生以来第一次这么友善宽容地对阿尔弗雷多。马丁认为阿尔弗雷多完全就是一个糟糕至极的人，他没少做坏事。马丁居然为阿尔弗雷多（他的本性，他的缺乏教养）而感到可怜。马丁很欣慰能放下自己自从幼年时期就一直对阿尔弗雷多的那种争强好胜和敌对的态度。

更加值得一提的是，马丁对他自己以及自己不能接纳自己的心理进行了深刻的思考。他意识到他对自己的非难其实和他对阿尔弗雷多这个人的中伤是一样的，这两者都是一种谬误心理。的确，马丁确实做了一些愚蠢、错误的事情，他应该为此负责。那些行为都是不对的，这是无可辩论的。但是，人类是一种容易犯错的动物，马丁以后可能还会做一些愚蠢、错误的事情——但是，他不会一直犯错，只是偶尔会。阿尔弗雷多总是欺负托尼和其他人，如果他原谅了阿尔弗雷多，那么他当然也可以原谅自己！

马丁这个人发生了真正的转变，他不会再因那些恶劣行为而迁怒于行为者了。首先，他完全接纳阿尔弗雷多这个人，虽然他这个人会做出一些恐吓行为。然后，他完全接纳自己和自己的劣行，这部分可归因于他对阿尔弗雷多的接纳。只要态度和行为发生任何变化，自然而然就会引起别的变化，后发生的变化会强化首先发生的变化。此外，一旦马丁不再因为自己在女性面前感到害羞而贬低自己，那么他就能改变这种害羞心理并去克服它。

马丁的思想和情绪以及他对这些思想和情绪而产生的反应发生了显著的双重变化，你同样也可以做到这一点。首先，正如理性情绪行为疗法所讲的，人类就是人类，很容易会犯错。人的一生中会做出许多伤害自己、伤害他人的事情。你要学会原谅他人，但你不必原谅他们的所作所为。如果你愿意，你完全可以谴责他们的所作所为，但绝对不要谴责他们本人。你要接受这样一种有着种种劣迹（或者任何你认为的劣迹）的人，并尽你所能帮助他们，使他们变好。即使不能使他们发生转变，也要原谅他们，不要因它们的所作所为而诅咒和谴责他们。

与此同时，根据你自己的标准，你要承认自己的失误、错误和不道德的行为。你可以认为你的行为是错误的，但你不要因你犯了这些错误而认定你自己就是一个坏人。如果你竭尽所能不去因自己或他人的不当行为而谴责自己或他人，那么你的这两种接纳理念——完全接纳别人和完全接受自己，往往会相得益彰。正如上文指出的，最大限度地减少你对自己和他人的指责不会完全消除你的焦虑心理，但是它会减少你对这种指责所产生的焦虑心理，而焦虑心理中的一大部分正是这种焦虑感！

How to
Control Your Anxiety
Before It
Controls You

第15章

理性情绪意象法

如果你能够达到一种无条件接纳自我、同时还能无条件接纳别人的状态，你很有可能会最大限度地减少那些不必要的焦虑情绪，这是我在本书中一直强调的一个观点。然而，大多数不必要的焦虑情绪都是源于你的过度担忧心理，你担心自己会犯错误，你担心自己得不到他人的认可，同时你又要绝对确保他们会认可你。所以，如果能无条件接纳自我和别人，你就能大大减少这些焦虑感。

第三个主要的焦虑来源，正如我曾指出的，是指不适焦虑——你需要保证自己不会处于危险中或者失去你真正想要的东西。这种情绪也可称为对事件或客观世界的担忧。你强烈地希望事情能够按照你所想的方式发展，从而使你达成自己的愿望，你还必须对此确信无疑，虽然你不能控制大多数事情的发展，却想要事情的发展一定要符合你的意愿，绝对不能按你不希望的方式发展。

从逻辑上讲，无条件接纳别人还包括无条件接纳条件。你不仅希望事情能按照你所想的方式发展，同时也要接受这样一个事实，即它们可能不会按照你所想的方式发展——事实上，往往会向相反的方向发展。因此，当不如意的事情发生时，你要接受它们，而不应牢骚满腹、大吵大闹。你要尽你所能去改变它们，如果改变不了，你就要学会以优雅的姿态接受它们。

你现在已经了解了焦虑的三种主要转化途径：①你接受因自己的错误和失败所带来的不愉快；②你也接受其他人阻止你得到你想要的，或使你得到你不想要的；③你最终会接受在实现自己愿望的过程中所遇到的障碍。瞧——你还有什么可担心的呢？几乎没有！

当然，这就是理性情绪行为疗法的目标所在：不是去改变你的欲望和愿望，而是要说服你不要产生那种绝对、必须的信念——不管是对自己、对别人，还是对世界。你可以通过各种方法来支撑你的愿望、喜好和欲望，但是不要有什么过大的强求，除非你宁愿生活在不必要的焦虑中。

因为这种绝对需求会导致焦虑心理，理性情绪行为疗法强烈建议你对这些绝对需求进行辩论（与它们进行争辩，并提出质疑），把它们转变为一种非必要需求。为了做到这一点，并巩固这种信念，理性情绪行为疗法为你提供了几种非常有用的情绪方法，以下故事将对这些方法做出阐释。

马克辛 C. 莫尔茨比（Maxie C. Maultsby Jr.）1968 年就曾跟随我学习，就在几个星期前，他还向著名的行为治疗师约瑟夫·沃尔普（Joseph Wolpe）求教。他告诉我，他从沃尔普那里学习了一些有用的治疗方法，但是看了我在个人和团体治疗讲座中演示的方法后，他说他对我的治疗方法更满意，尤其是对非理性想法进行辩论这种疗法，他还出席了我在每周五晚上举办的晚间研讨会。马克辛回到位于威斯康星州麦迪逊市的门多塔州立医院后，继续担任他的精神病学实习医师一职，之后他又晋升为理性情绪行为治疗师。他是一位极富创造力的心理治疗师，并发明了理性情绪意象法，这是理性情绪行为疗法中一种最有效的情绪性疗法。

在利用理性情绪意象法（REI）治疗期间，首先你要想象一下可能会发生的最糟糕的事情（如重大的失败或被拒绝），同时自发地想象一下，当这种"可怕的"不愉快事件发生时,你会产生怎样的感觉。通常情况下,你立即就会产生焦虑、抑郁、自我反感或自怜的情绪。

对重大失败感到恐慌的案例

假设你感到非常焦虑,就像玛莉安一样,一想到自己不能在治疗过程中帮到病人,病人会严厉指责她,也许同事也会指责她,她就感到异常焦虑。想到自己诊断失误,病人病情恶化,她就会感到无比的恐慌。

当我利用理性情绪意象法对玛莉安进行治疗时,她在想象到自己诊治失败,病人严厉指责她时,就会情绪紊乱,而且浑身开始颤抖。"好!"我说,"你已经实实在在地感受到了自己的焦虑,现在尽可能地去体会,用心去感受,尽可能地释放自己的焦虑和恐慌感!"

玛莉安感到极其不安——确实,她被吓坏了。"好!"我再次说,"现在,保持着这种使你感到焦虑的想象。你确实诊断失误了,病人的状况越来越糟糕——她和其他人都在指责你糟糕的表现。现在,还是利用同样的想象,想象自己只是对诊断和治疗失误而感到非常遗憾——只是非常遗憾和失望,但不会感到焦虑。不要有焦虑感或恐慌感,只是感到遗憾和失望。"

玛莉安经过大约两分钟的斗争才转变了她的情绪。最后,她说:"我现在感觉非常遗憾和失望,但是真的不会焦虑了。"

"好!"我说,"你刚才做了什么?你是怎样做到使自己对病人只是感到失望和遗憾,而不会焦虑和恐慌的呢?"

"我想象她是一个爱找碴的人,她告诉其他医生我对她不好,还告诉她的亲戚朋友我的治疗技术很差,但我对自己说,'真是不幸,确实是我搞砸了,我真的很抱歉。但现在,我已经意识到我自己的失误了,以后我会吸取教训,从根本上改变我对病人的诊治,我会以一种完全不同的方式对她。这次失误显然是我的错,但并不意味着我是一个不称职的医生或是一个坏人——我只是犯了一个错误，我会纠正这个错误的'。"

"说得好！"我说，"这种理性信念真的很有用，你会感到遗憾和失望，但不会感到震惊或贬低自己。现在，我希望你在接下来的30多天内每天坚持练习这种理性情绪意象法。首先，想象一下最糟糕的状况，让自己自然而然地产生一种惊骇和恐慌感。然后，改变这种不合理的信念，你并不像病人和其他人认为的那样一无是处。用理性信念代替这种非理性想法，你就会产生几种应对性的自我陈述。每天至少练习一次，直到自己能自发地产生一种遗憾和失望感，而不是恐慌和恐惧感。当你这样进行训练时，你就会真正相信自己的理性信念，而不会去相信那些非理性想法，你才会真正地将自己的恐慌情绪转变为一种失望和遗憾心理。你可以设法去改变自己的感受，而不再受制于焦虑情绪。每天练习几分钟，直到你真正做到能够控制自己的焦虑感。"

在理性情绪意象法的指导下，玛莉安在15天内就自然而然地对"医疗误诊"产生了一种失望和遗憾的情绪，她不会再因此而惊慌失措了。同样，当你对人际关系、性、学校、工作、运动或任何其他事情感到异常焦虑时，你也可以利用理性情绪意象法来调节自己。首先，找到使你产生焦虑的主要的非理性想法（绝对应该、必须和务必），利用本书中列出的现实型、逻辑型和务实型辩论法对这些非理性想法进行辩论，直到你产生一种有效的新信念。为了巩固自己的信念，利用理性情绪意象法想象一下经常让你担忧的一件事情，让自己自然而然地产生焦虑感——甚至是恐慌感。然后，将这种焦虑情绪转变为一种担忧、谨慎、警惕、悲伤、遗憾、失望，或其他一些较为健康的消极情绪。你这样做只是将非理性想法转化为一种健康的非绝对需求——这种方法有助于你表现稳定或获得他人的认可，但却不是什么所谓的"必须"。定期用这种方法进行练习，可以是10天、20天或30天，直到你开始自发产生一种健康的消极情绪，而不是不健康的焦虑和恐慌感。使自己能够自然而然地产生健康而不是非健康的情绪，从而来应对那些你最担心的事情。

How to
Control Your Anxiety
Before It
Controls You

第16章

羞耻－攻击练习

1955 年，我将理性情绪行为疗法运用到对客户的治疗中，也就是在那一年，我意识到人类的情绪干扰大多都是源于他们的羞耻感。当人们对他们所想、所说、所感或所做的事情产生一种羞耻感时，他们往往会这样想："我犯了错误，人们会批评我，他们会因为我的所作所为而轻视我。"然而，这种自我评价并不一定会使他们感到羞耻、尴尬或羞辱，因为他们还可以这样认为："没错，我确实做了一些愚蠢或不道德的事情。很多人会说我不应该这么做，并会严厉地指责我，但是，我不必把他们太当回事。他们会认为我是一个可耻的坏人，但是我不会认同他们对我的评价。也许我所犯的错误并不是那么严重，也许人们对我的指责太过严厉了。人难免会犯错，我也不会一直都完美无缺，不可能永远也不犯错误。所以，我会从中吸取教训并保证以后不再犯类似的错误，这样的话，人们还是会尊重我。但是，即使他们以后还会认为我不好，我也不必与他们苟同并轻视自己，我会原谅自己，以后会尽量少犯错误。"

如果在犯了错误并受到别人的严厉指责后，你也能抱有这种想法，你就会感到很难过、很遗憾，你会下定决心以后做得更好。但是，你绝不会感到羞耻，也不会憎恨自己。然而，当你为自己所犯的错误感到羞愧和尴尬时，你就会向自己传递这样一种信息："确实，我的行为是不对的，人们完全有理由指责我，他们瞧不起我也是理所应当的。我不应该那样做，因为那种行为是不对的，我尤其不应该因为我的所作所为而伤害到他人或让他们不高兴。我应该接受人们的指责，也应该感到自责，我真是坏透了！"

羞耻感会让你承认自己的错误，让你感觉别人也会因此而指责你、轻视你，他们会对你的行为进行批判，也会对你本人进行批判。这种行为没有什么不对的，你犯了错，你这个人真差劲、真邪恶，你会因此产生一种羞耻感，并接受这种评价。羞耻似乎一直都是卑贱和人品差的代名词，羞耻不只是意味着你表现差劲，而且还意味着你完全接受那些指责——你犯了错误，就说明你是一个差劲的人，人们对你的想法、感觉和行为进行指责也是无可厚非的。另外，羞耻感还意味着你会因为自己犯了错误而谴责自己。

当然，理性情绪行为疗法会告诉你如何才能减少这种羞耻感。当你为你的行为感到羞耻时，你很可能做了一件人们普遍认为你不应该做的事情。毕竟，人类有自己的行为标准，也为此制定了一些规则和法律，你的行为很可能违反了这些规则。你那样做很可能也会对他人造成不必要的伤害——这就是为什么人们要把规则放在首位，就是为了防止你伤害其他社会成员。因此，理性情绪行为疗法会告诉你，当你为某件事情感到羞耻时，你可能打破了某些社会规则，做了一些错误或不道德的事情。

但是，理性情绪行为疗法同时还会告诉你，在某种程度上说，你的这种羞耻感是不合逻辑的，因为你会为此而贬低自己，贬低你的人格。你其实会认为，"人们这么批判我的行为是对的，他们会认为我是一个毫无用处的人，这种批判也是对的。因此，我就是一个废物，一个毫无价值的人，我应该受到他们的谴责，我就是一个该死的笨蛋。我完全同意这种说法。"

你的行为可能很恶劣，因此，你就是一个可耻的、糟糕至极的人。理性情绪行为疗法会引导你去对后者提出质疑，而非前者——恶劣的行为。它会给你一个基本恒久不变的答复：即使你真的有什么不好或不道德的行为，人们也不一定会因为你的行为而受到伤害，并给你贴上标签——你是坏人或糟糕至极的人，你的这种行为是不对的。即使在极端情况下，你伤害了某个人，或他因这种伤害死亡了，理性情绪行为疗法依然会告诉你，按照正常的社会标准，你的行为是错误的、不道德的，但你只是一个有着不当行为的人，而绝不是一个坏人。

如果你罪行累累（就像希特勒一样），而且你的这些行为伤害了无数人，那你真是坏透了。现在，我们自然就要对此进行辩论。很多人会接受这种说法，他们会认为无论怎么批判你都不为过。然而，事实上，要想去证明希特勒这个人（或他的本质）完全就是坏到无可救药了，这几乎是不可能的。因为，不要忘了，他一生中还做了一些好事。而且，他会认为自己的行为其实没什么错，是正确的。另外，如果现在他还活着，他可能会有所改变，可能还会成为人民的恩人。最重要的是，也许他生来就是一种极易犯错的人，不应该对他抱以期望而去认为他会一直善良、公平地对待他人。

当然，你肯定不会像希特勒一样，也不会有他那样的所作所为。没错，你会犯错误，而且确实也做了一些有害的、愚蠢的行为。先不要对这些行为进行辩解，不要说它们是否是正确的、合适的或恰当的。但是，如果我们因为你这种恶劣的行为而贬低你这个人，你又怎么能变好呢？如果你是一个一无是处、毫无价值、恶名昭彰的人，我们甚至连你自己都十分确信这一点，这样就能有助于你现在、乃至将来都能做出更好的表现吗？几乎不会！

因此，这也同样适用于有关羞耻的观点。如果你真的有不得体的行为，这种行为使人们反感，他们会因为你愚蠢、恶劣的行为而指责你，他们的指责以及你对这些指责的接受会让你变好吗？在某些情况下，你可能会因此变好。因为当别人谴责你时，你也会因自己可耻的行为而谴责自己，你可能会重视他们的批判并下定决心做出改变。但他们对你的谴责以及你对自己的谴责也可能会使你觉得，"我完全坏透了，我这样的人怎么可能会变好呢？如果我只是做错了事，我可能会改正，但如果我是一个无可救药的罪犯，我怎么可能会变好呢？"

理性情绪行为疗法认为，羞耻感或自我谴责有一定的价值，但往往弊大于利。如果你只是因自己的行为而感到羞耻，而且还认为自己的行动极为不妥，这可能会促使你去改变自己的行为方式。但是，如果你因为这些愚蠢、伤害性的事情而认为自己很可耻，并因为这些行为对自己进行严厉的指责，你实际上就是对自己做出了一种彻底的否定，你阻止了自己去争取改过自新的机会。如果你切身感受到一种羞耻感，你最好将这种羞耻感转移到错误或伤害性的行为上，而不要因这些行为对你这个人或你的人格感到羞耻。

这与你的感受或焦虑有什么关系吗？没错，而且密切相关！因为当你感到焦虑时，你往往会对你可能会做的、正在做的或已经做过的事情感到羞耻，你会认为这件事情是不对的、错误的、愚蠢的或不合适的。大多数情况下，你还会认为自己是一个糟糕至极的人。因此，你会变得焦虑不安。起初，你会为这些可耻的行为感到羞耻（例如，愚蠢的举止），别人也会因此而指责你。你往往也会自责不已——"哦，真是太糟糕了！我真是一个十足的笨蛋！大家永远也不会原谅我。我再也不会在大家面前泰然自若了"。因此，你担心将可能会发生什么——这往往会扰乱你的情绪，"可耻"的行为会因此产生。

同样，当一些"可耻"的行为发生时（如：你可能会注意到你的拉链没有拉上，或有个地方失误了），你很难去纠正这些行为，你会感到很耻辱。即使当你纠正后，你还会去想，"我敢肯定所有人都注意到了！他们会怎么想呢？我真是一个白痴！我还会不会再得到他们的喜爱呢？"

此外，你可能几年前做过一件"可耻"的事情（如：你和爱人做爱时没有拉上窗帘，被其他人看到了），多年后，你仍然会为之焦虑不安。你会担心究竟是谁看到了你，并久久不能释怀。

羞耻是过去、现在和未来焦虑的主要根源。羞耻感总是与自我贬抑感相伴而生，这会引起许多持续性的忧虑。例如，如果你年轻时曾偷过邮票，或在追求你心爱的人时曾对她撒过谎，或最近曾做过一件可能会让人看不起你的事情，你很可能会因为这种"可耻"的行为而对自己产生一种厌恶感。你还会不断去想自己是否还做过一些其他的"可耻"行为。最终，你会认为自己真的是一个毫无价值的人，你应该为这些"罪行"受到惩罚。

最糟糕的莫过于那种安静的绝望，亨利·大卫·梭罗（Henry David Thoreau）也曾说过类似的话。为了不去做一些"可耻"的事情，为了不让自己因为这样的事情而感到烦恼和自责，他们会抑制自己的行为——从而严重地限制了他们仅有一次的生命。

焦虑引发的拘束生活案例

以比阿特丽斯为例。少女时期的她是一个随心所欲、无拘无束的女孩。比阿特丽斯住在纽约市的郊区，那里的人们思想都很保守，她曾做过许多让她的父母和同龄人感到"可耻"的事情。比阿特丽斯就像一个假小子，14岁时，她就和一个男孩发生了性关系，虽然她聪明伶俐，轻轻松松就能进高级班，但她对学习的事儿丝毫不在意。然而，15岁时，比阿特丽斯怀孕了，她那信仰罗马天主教的父母大为震惊，打算把她送到修道院学校。侥幸的是，怀孕四个月后，比阿特丽斯流产了。但之后的一段时间，她患上了产后抑郁症。等比阿特丽斯恢复正常后，因为给自己和父母带来了困扰，她又走向了另一个极端。在学校里，比阿特丽斯拼命地学习，拒绝和任何对她感兴趣的男生约会，完全戒掉了饮酒和吸烟的坏习惯，过上了一种修道院式的生活，就像她父母曾威胁把她送到修道院学校的那种生活一样。

27岁时，比阿特丽斯来找我，那时，她已患有严重的抑郁症。严格上来说，这种抑郁症不会给她带来任何麻烦，因为她不会冒险去做任何存在风险的事情。对于少女时期自己的任性妄为，比阿特丽斯感到非常羞愧（这是一种十分健康的情绪）。现在，她是一所幼儿园的教师，工作认真负责，一下班，就直接回家，一直到晚上都在听古典音乐，这是一种极度压抑而又孤独的生活。比阿特丽斯的父母以前就曾对她年轻时的所作所为震惊不已，现在，看到她过着隐士般的生活，并不断地强迫自己至少要回归到中产阶级那样的生活，她的父母感到更震惊了。因为比阿特丽斯害怕别人会指责自己的行为，她会因此羞愧不已，所以几乎逃避做任何事情。让她的家人惊讶不已的是，这个聪明伶俐、年轻貌美的女孩好像不仅要孤独终老，而且还完全过上了一种与世隔绝的生活。

换句话说，是羞耻感让比阿特丽斯从一个过度热衷社交的人转变成了一个完全不合群的人。她完全不会惹是生非（因为她就像是纷飞的雪花一样纯净），但她却过着一种极度克制的、孤独和压抑的生活，真是令人难以想象。

我很快就意识到，比阿特丽斯的问题在于她那种谨小慎微的改良主义思想。除了幼儿园的小孩以外，她害怕与任何人交往，她害怕自己会因此惹上麻烦。她会为一切事情而感到羞耻——衣着不得体、发言不尽如人意、行为不得当、交错男朋友和任何可能导致再次怀孕的性行为。于是，比阿特丽斯天天待在家里，无休止地听着音乐，她甚至还拒绝加入弦乐团，即使他们很欣赏比阿特丽斯出色的音乐水平，并想吸纳她成为其中的一员。因为演奏要与社会进行接触，她可能会在排练和公开演出中犯错，要是她犯错了，她会感到十分的羞愧。

我给比阿特丽斯示范了理性情绪行为疗法的原则，并对她的抑郁症和压抑的生活做出了解释，她很快就领悟了。最初，她并不是一个自卑的人，只是后来才产生了这种心理。比阿特丽斯有着一种很明显的务必信念："我绝对不能做出任何可耻的、让人指责的事情，如果我这样做了，我就会知道我的行为是错误的，其他人会严厉地指责我或联合起来排斥我（就像他们曾经那样做的一样）。为了防止这种恐怖的事情发生，我谨小慎微，不去尝试任何风险，安逸地生活下去，只要你们不认为我是一个没有抱负的人就行。我需要的是安全，而不是创意和享受，我应该这样生活下去。否则，我一定会犯可怕的错误，我会觉得自己是一个毫无价值的人。这真可怕！"

所以，比阿特丽斯一直过着这样一种安逸却又很压抑的生活。她不会再因为犯错而自卑了，因为她选择了躲避。为了避免可能会犯错误，她选择了一种"与世隔绝"的方式。

至少在理论上，比阿特丽斯认可了理性情绪行为疗法中的一个主要规则：坏行为，不管有多愚蠢、多邪恶，永远也不会让你成为一个坏人。你的人格是多方面的，即使你犯过严重的错误，你的那些好的行为和不好不坏的行为也会弥补这过错，因此，你不能给自己定下一个全面的、概括性的评价。比阿特丽斯认为这种理论很正确，但她仍然认为自己可能会做出许多"糟糕"的或"可耻"的行为，在大多数情况下，这些行为都是不道德的，如：不公平地对待他人、对他们说谎或给他们带来不必要的伤害。所以，她会告诉自己以及她的学生们，要避免做出这样的行为；她还按照理性情绪行为疗法的理论告诉青少年，当他们犯下严重的错误时，要原谅自己，并改正自己的行为，因为人是容易犯错的生物。

但比阿特丽斯还是无法原谅自己。如果她犯了错，她就会认为自己是一个坏人。她必须表现得很好以使自己成为一个"好人"。理性情绪行为疗法适用于她的学生和其他人——但对她无济于事，她必须去做一些正确的事情来获得自己和他人的尊重。"接受罪人，但不接受罪行"这个道理适用于大家，但不适用于她。比阿特丽斯认为她必须表现得特别好，事实上，按照她这种安全措施和不去承受风险的心态，她完全可以。

所以，虽然比阿特丽斯会抵触这种信念，但是我还是鼓励她去做一些羞耻－攻击练习。这种练习包括以下步骤：思考一下让你和其他许多人可能认为愚蠢和可耻的事情，然后自觉地在公共场合去做这件事情，同时不要让自己感到羞愧；选择一种你通常不会去做的事情，如果你在公众面前做这件事时，其他人会觉得可笑，但是你不会伤害到他们，或给自己惹上麻烦。因此，当你在火车上或电梯里时，你可能会大喊大叫要火车或电梯停下来；或是穿一些奇装异服，如一只脚穿着黑色的鞋子，另一只脚穿着棕色的鞋子；或是去鞋店买食品杂货。

任何诸如此类的事情都可以，只要你个人认为这种事情是可耻的（而不只是一个引人注目的笑话），同时，其他人也要觉得这种事情很可耻，而且觉得你的行为很怪异。这样，在旁观者的众目睽睽之下，你会因自己所做的蠢事而感到惭愧，你要设法摆脱这种羞耻感。你要让自己对自己的行为和他人的批评产生一种遗憾和失望的感觉，而不要感到羞耻、尴尬或丢脸。

如果你连续这样练习几遍，通常会发生几件事情。首先，你往往会发现，当你在想自己要去做一些可耻的事情时，你会感到非常不安，而实际行动时这种感觉则不会这么强烈。"有人会不认可你的这种行为"的想法会使你感到焦虑不安。会有这么一个时期，你可能会拖拖拉拉而不肯做练习，因为你会为此担忧。然而，当你真正练习时，你就不会觉得那么担忧了，因为你把精力都放在如何做练习上了，这往往会分散你对焦虑的注意力。

其次，你往往会惊喜地发现，人们几乎不会注意到你是在做羞耻－攻击练习。例如，在十月的一天，那是个阳光明媚的日子，我们的一个治疗师用红绳拉着一根香蕉在街上散步，许多人看见后就又迅速把头扭了过去——因为看到这种疯狂的行为，他们也感到不好意思！他们会比她更加惭愧！

再次，当你第一次做这种练习时，你往往会感到局促不安。但是当你坚持下去后，你会发现你的尴尬心理会大大缓解，你会习惯这种练习，甚至可能会乐在其中。我有一个客户很害羞，他感觉自己很难走出研究所，并对一个陌生人说："我刚从精神病院出来，现在是几月了？"但是，当他跟第一人这么说时，他看到那个人一脸惊讶并迅速走开了，他就意识到自己是可以做到这一点的。那一周时间里，他又找了另外几个人进行练习。很快，他就丝毫不再感到惭愧了，而且他还喜欢上了这种练习。一段时间后，他的羞怯感奇迹般地消失了，他这一生中头一次感到自己不再害羞了。当这样练习了20次后，他很高兴地发现，当他使那么多人感到震惊时，也不会再感到羞愧了，他完全摆脱了害羞的心理。

最后，当你在做这种荒谬的练习时，你往往会发现，你的羞耻感将会大大减少。因此，在进行羞耻－攻击练习期间，比阿特丽斯做了下面两件事情，要是在以前，她是绝对不会这么做的。她在光天化日之下走到大街上高声唱了一首《星条旗永不落》；她还在阳光明媚的天气里，撑了一把黑雨伞，看上去好像是在遮雨。起初，她在做这两件事情时，感觉自己很愚蠢，但后来她就习惯了，也不再觉得羞耻了。通过这些方法的练习，她使自己不再感到羞耻，并开始去做那些她强迫自己不要去做的事情，她已经很多年都没那么做过了。比阿特丽斯约了自己的前男友并要求一块儿去跳舞，她有很长一段时间都没见过他了。结果她前男友欣然接受了，而且他们还共同度过了一段美好的时光。之后，比阿特丽斯不断地约他出来，她感到那段时光很开心。这么多年来，比阿特丽斯第一次去了一家酒吧，喝了几杯姜汁酒（以前这是她连想都不敢去想的事情），还和几个陌生人聊了一会儿。

比阿特丽斯几乎不再为这些事情而感到羞愧了，这么多年来，她从来没做过这些事情，现在，她又开始重新参与社交活动了，并开始去享受这些活动，同时结束了她那种隐士般的生活。比阿特丽斯意识到，冒险不仅是一件正确的事情，实际上，冒险还会充满趣味。虽然并不怎么善于交际，但比阿特丽斯还是结识了一些朋友，并开始过上正常的生活。看到比阿特丽斯的转变，她的父母感到万分高兴。

如果做一些羞耻 – 攻击练习，你就可以克服你的焦虑感和尴尬感。无论是你害怕的人，或是公开演讲，或是参与一项运动，你都可以找到与之相关的非理性信念并对之进行辩论。如果你对某件事情会产生恐惧感，通过理性情绪行为疗法的羞耻 – 攻击练习，你会发现自己逐渐能够面对这种"可怕"的事情，并开始乐在其中。你可以利用羞耻 – 攻击练习来应对特定的焦虑感，或利用这些练习来克服你的非理性恐惧。做得练习越多，你的焦虑感往往会越轻——正如我在上文中所说的，你甚至可以从很多让你感到恐慌的事情享受到一种乐趣。

How to
Control Your Anxiety
Before It
Controls You

第17章

能有效控制焦虑症的好方法

1943年我成为了一名心理治疗师,那一年我29岁。为了帮助客户们克服他们的焦虑症,我总是会对他们的非理性信念进行辩论。虽然我赞成利用精神分析的方法来了解他们是如何变得焦虑不安的,但是,同大多数分析师一样,我感觉到我的客户经常会抱有一种自我挫败信念。只要他们抱有这种信念并认为这种信念是合理的,那么他们就会继续感到焦虑不安。

性焦虑与性功能障碍

就我个人的治疗生涯来看,我可谓是治疗性问题的权威医师。我清楚地了解到,当一个男人不能满足他的伴侣,或一个女人完全没有性欲或不能达到性高潮时,他们往往会对此产生一些错误的想法,进而产生一种性焦虑和性恐惧。例如,男性往往会认为,"他们必须迅速勃起;必须顺利和伴侣进行性交;性交必须要持续很长一段时间(至少应该在十分钟到一个小时以内);在性交时,他们必须要使伴侣达到性高潮。如果他们在这些极为重要的方面有任何不足,他们就是一个无能者,而且他们的伴侣也一定会鄙视他们,他们一定会陷入手淫或完全禁欲的情况中,真是太恐怖了!"这当然"不容置疑地"证明他们是无能者,而且人们永远也不会认为他们是"男子汉"。因此,他们可能会放弃性爱,甚至认为如果有哪位女性能容忍一种完全无性的婚姻,那是太好了。

至于女性,她们往往会认为,通过伴侣(通常是男性)的亲吻或爱抚,她们必须迅速产生性欲;她们必须迅速产生一种想要与他们做爱的欲望;她们必须全身心地享受性交的过程;在性交过程中,她们必须迅速达到高潮(比如说十分钟以内);十分钟之后,她们必须渴望再次性交,而且必须能在短时间内再次(两次或三次)达到高潮。如果她们确实无法迅速产生性欲,而且在性交过程中不能达到高潮,她们就会认为自己性无能,还不如以后过上一种无欲无求的生活——或者,至多让男人们利用自己的身体达成他们的目的。有时,她们甚至可能成功地生育几个孩子,但可怜的是,她们仍然无法在性交过程中达到高潮。最终,还是接受这个现实为好。

可以毫不夸张地说,我的客户中有几十个人都有这些愚蠢的信念,不管是男性还是女性,这些信念基本上都是与性交有关的。我想方设法对他们的这些信念进行了批判,通过几次心理治疗后,我成功地使大多数人体会到了一种享受和满足感。通过打消他们那种性爱即性交的信念,我运用了许多非性交方式向他们讲述如何满足自己以及其伴侣,我甚至帮助他们去享受性交。有一次我向他们讲述阴茎与阴道的交合并不是性爱的最终目的,人类的各种性爱游戏都应该得到提倡,他们完全赞同我的这一观点。我继续向他们解释说,性爱固然是好的,即使它包含所谓的"性欲曲解",比如丈夫和妻子不停地做爱以使对方达到高潮,而实际上也许只有一次能达到高潮。

1943～1948年,我利用性治疗方法帮助了数百位患者和夫妻,我的治疗方法是怎么习得的呢？主要是受性学专家前辈们的启发，例如，哈夫洛克·埃利斯（Havelock Ellis）、伊万·布洛赫（Iwan Bloch）、奥古斯特·福雷尔（August Forel）和W. F.罗比（W. F. Robie），他们都是20世纪早期的性学专家，其中大部分学者都是专门从事性治疗的医师。西格蒙德·弗洛伊德（Sigmund Freud）和他的信奉者并不在这些性学专家之列，事实上，他误导了医学界和他的患者。正如大多数患者一样，弗洛伊德将性交神化了，他过度强调交配技巧而忽略了性交和非性交的方法。弗洛伊德和那些弗洛伊德学说信徒的这种信念是错误的，他们给那些性困扰患者造成了极大的伤害，而我上述提及的早期性学专家们的信念几乎都是正确的，他们则为人类做出了很大的贡献。

1948年，也就是在担任心理治疗师和性治疗师五年后，阿尔弗雷德·金赛（Alfred Kinsey）及其同事们证实了我和那些早期性学专家的观点。通过对成千上万名男女进行调查（这也是人类历史上首次大规模的调查），金赛博士再次提出了非性交的观点，并在其著作《人类男性性行为》和《人类女性性行为》的前两卷中明确表明了这种观点。这几年来，我对客户宣讲的治疗方法、我在《国际性学杂志》上发表的专业文章以及我的一些广为传颂的读物，都与金赛博士的观点相吻合。确实，能够得到他的科研支持，真是一件振奋人心的事情！

20世纪60年代，性学专家威廉姆·马斯特斯（William Masters）和维吉尼娅·琼森（Virginia Johnson）开始对试验对象（其中包括许多女性试验对象）进行性生活观察、研究，还发表了两本具有革命性意义的书——《人类的性反应》和《人类性机能失调》。他们的研究再次证实了那些早期性学专家以及金赛和他同事们的观点：男性和女性的性行为不仅包括性交，还包括各种爱抚和非性交行为。事实上，当高潮出现时，尤其是发生在女性身上时，这种现象往往更符合非性交行为，而阴茎与阴道交合所产生的结果只是这其中的一部分。

1955年1月，在金赛就男性和女性的性行为提出这些观点后不久，也就是在马斯特斯和约翰逊开始着手做出研究之前，理性情绪行为疗法出现了。与之前性学专家们的理论相比，理性情绪行为疗法对性机能失调理论做出了更具体的阐释。理性情绪行为疗法中有关情绪困扰的ABC理论似乎完全适用于许多性困扰心理，而且理性情绪行为疗法于20世纪50年代引入的认知、情绪和行为疗法也能用于大多数性问题的治疗。

具体来说，理性情绪行为疗法认为，男性和女性会因性产生一些心理上的困扰（他们往往也会有许多身体上的困扰），这完全符合ABC理论。因此，男性会希望有愉快的性生活，在A点（诱发事件），他会希望与伴侣做爱。在C点（结果），他会遇到这样一个选择：成功取悦或未能取悦自己和伴侣。当他在C点失败时，往往是因为他不仅产生了这样一种理性信念（RB）——"我非常希望能顺利完成性爱过程，并能给伴侣带来极大的快感"，而且还会产生这样一种非理性信念（IB）——"我绝对必须顺利完成性爱过程，我必须坚挺而又持久地勃起、持续地做爱，直到使她兴奋并能达到高潮。她会乞求我给她带来更多的高潮，并认为我是她有史以来最好的伴侣。我完全有必要去取悦自己和我的伴侣，若非如此，我就是一个性无能的人，我就算不上是一个真正的男人！"

在发生性行为之前，这些非理性信念往往会使这个男人感到很焦虑。在性交的过程中，这种非理性信念会进一步加深他的焦虑感，他会不时"监视"自己（正如马斯特斯和约翰逊所说的），看看自己的阴茎是否"真的工作了"。如果并非如此，他会认为自己是一个无能者。等到下一次，他再跟这名女性（或男性）发生性行为时，他会比以往任何时候更焦虑，更不容易持久地勃起。最终，他将产生一种强烈的表演焦虑症！

对于那些因性产生一些心理困扰，但是又能够产生兴奋并能达到性高潮的女性来说，她们的ABC理论往往是这样发展的。在A点（诱发事件），她希望产生兴奋感，并能使自己和她的爱人达到性高潮。但是，在

C点（结果），她没有产生兴奋感，或是一段时间后就失去了兴奋感，她发现自己很难或根本无法达到高潮，或许还会有一段痛苦的经历，她可能无法满足她的爱人，无法使他达到高潮。在B点，她开始产生这样一种理性信念（RB）——"性爱是好的，我很想去享受这一过程，并能使我的伴侣也充分享受这一过程"，但她同时还产生了这样一种非理性信念（IB）——"我绝对必须很容易就能产生兴奋感，而且必须至少能达到一次性高潮。更重要的是，我必须能够完全享受他强大的阴茎冲力。当他与我做爱时，我必须能够达到高潮并产生一种快感。同时，我还必须能用我的舌头、手和阴道使他产生兴奋，并让他至少达到一次性高潮或者多次高潮，这样，他就会非常喜欢和我做爱，还会提出更多的性要求。否则，如果我不能满足他，我就是一个无能的女人，我就不值得被爱。"

有关男性和女性的性功能障碍，还有很多与之类似的理论，但是大多数理论都是按照上述思路发展的。男女双方不仅喜欢而且会对"真正的"性行为提出要求——极大的情欲通常会使双方达到性高潮。由于每个人都会有所需求，他们会因此感到焦虑或恐慌，往往很难做出良好的表现，即使他们真的非常在意对方，他们也很少发生性行为，或者性交过程不是很愉快。有时，他们会跟别人交往，包括那些他们并不爱的人。但是，如果他们一开始时就有不愉快的经历，在遇到其他的伴侣时，他们往往也会产生类似的非理性信念，并使他们失望。虽然从生物学来看，他们完全有能力很好地完成性交，但实际上可能很少会是如此。

性恐慌案例

你可能已经猜到了，要想解决男性和女性的性困扰，理性情绪行为疗法的第一步是要找出这个人的非理性信念并积极地对之进行辩论。罗兰德，年近三十，性欲较强，他很容易勃起，每天都会通过自慰达到高潮，而且有时一天会有两次。如果女性在性交一分钟内就能达到高潮，他几乎可以满足任何一名女性；但如果需要两分钟或更长时间才能达到高潮，他就满足不了她们了。罗兰德自慰的时间或与有魅力的女性性交的时间很少会超过两分钟，对于新的伴侣而言，更是如此。在性交时，罗兰德会感到异常兴奋，通常一分钟就完事了。他的阴茎很敏感，每次性交都很快就会射精，而且需要三四十分钟才能再次勃起，再次性交也只能持续一两分钟。罗兰德和其伴侣发生关系时，大多数人一开始会很满足，但她们很快就失望了，有时还会对他产生不满而不愿与他做爱。曾有这样一名女性，她叫吉尔，她没有什么性欲，几乎从来没有跟任何男性达到过性高潮，但她愿意和罗兰德约会，也喜欢和他做爱，因为她喜欢这样一个伴侣。但罗兰德觉得她太过骨感，而且身材也不是很性感，所以很少跟她约会。

还有这样一名女性，她叫劳拉，是一位妩媚动人、聪明伶俐的女性，但她坚持认为只有性交时间持续五分钟以上的性行为才会让她感到满足。这让罗兰德感到特别绝望，如果他不能勃起，而且不能持续五分钟以上，他就不适合她。劳拉可以找到许多迅速就能勃起并能持续 10～15 分钟的男性，如果不包括他的话，那就太糟糕了。虽然劳拉知道罗兰德在这方面的问题，但她还是给了罗兰德一次机会。然而，当和她在一起时，罗兰德的情况变得更糟糕了。他"必须"持续下去，只是为了取悦劳拉。所以，他当然没能做到，只持续了几秒钟，他就射精了。最终，劳拉说，他们可以成为朋友，但是，也仅此而已——再无其他的关系了。

罗兰德真的很喜欢劳拉，但是劳拉拒绝了他，这令他感觉很郁闷。在和其他女性发生关系时，尤其是与那些有魅力的女性发生关系时，罗兰德还是会感到焦虑。"虽然我可能不是世界上最好的伴侣，"他不停地告诉自己，"但至少我应该能够达到平均水平，能够持续两三分钟就行，这就是我最大的要求。一些女性会满足于这一水平。一定要超过一分钟，我绝对不能那么快就射精！要真是如此，我就是一个真正的失败者。大多数女性不会在一分钟内就能够满足,所以,我将一直是一个真正的失败者!"

出于实验目的,我让罗兰德尝试了几种放缓节奏的技术。我建议他使用一个或两个安全套来减少他的性敏感度,还让他尝试使用一种沙夫卡因乳膏,这种药物可以麻醉神经。此外,我还建议他在约会之前先通过自慰达到高潮,这样他在和伴侣性交时就不会那么容易再次射精。但这些方法都没有效果,任何方法对他来说都丝毫不管用,因为他因自己的问题而产生了一种焦虑感。他不断地"监视"自己,想知道自己多长时间会射精,这种心理导致他更容易射精,开始性交几秒钟后,他就完事了。

我曾建议罗兰德说,他可以用他的手指和舌头来满足劳拉。但劳拉坚持认为,罗兰德必须通过性交来满足她。所以,为了满足劳拉的需求,他常常使自己焦虑不堪。

因此,我设法让罗兰德改变他的这些务必和必须信念。我让他一遍一遍地向自己发问:"除了阴茎以外,明显还有其他方式可以满足这些女性,为什么我必须要选择这种方式呢?有什么规定要求她绝对必须通过这种方式才能达到高潮吗?因为有些女性,就像劳拉一样,在性交过程中不能得到满足,也不允许通过其他方式的性接触来得到满足,所以我就是一个令人绝望的无能者吗?为什么我不能接受自己这方面的缺陷,并找到一个能容忍这一点而且同样妩媚动人、聪明伶俐的女性呢?为什么我必须痴迷于找到一个将我的阴茎神化(正如我现在的想法)的女性呢?"

这些辩论问题使罗兰德更清楚地意识到了他的心理问题所在。他认识到,如果他继续苛求而且强烈地希望延长性交时间,他就会感到焦虑不安,因为他害怕自己会做不到。这是一个显而易见的问题。

不过,罗兰德还是不能接受自己的性交缺陷。他特别喜欢劳拉,他觉得离开劳拉的话就活不了了。但是,他还希望自己能有其他一些不错的选择——能够迅速在性交中达到高潮的女性或喜欢通过非性交方式来达到高潮的女性。然而,当他找到这样的女性时,她们与劳拉的要求不同,但还会在其他重要方面提出要求。因此，他难以忍受这一点，他还是会认为性缺陷这个问题很糟糕、很可怕，并不是单纯的很麻烦而已。

最终，罗兰德逐渐开始赞同我的观点（更确切地说是他自己的观点），虽然他很希望在性交过程中能持续更长时间，但他并不需要如此。但是，他对我的赞同并不能减少他的焦虑感，接着我开始向他展示如何使用有效的辩论方法。你也可以告诉自己，正如罗兰德那样，"我并不是性交高手，这点真的没有那么可怕的，这只会为我带来一些困扰，并不意味着我这个人有什么问题"。但是，除了这种理性信念，你可能还会产生这样一种强烈的信念——"但是真的是太可怕了！而且会让我觉得我就是一个性无能者，我算不上是一个真正的男人！"如果保持这种非理性信念的话，你还是会为此而焦虑不安。

有效地辩论非理性信念的好方法

我给罗兰德讲述的第一个有效的辩论方法是记录下他的非理性信念，并对之深入地辩论。也就是说，他要记录下他存在的一些主要的非理性信念——"我绝对必须设法在性交过程中更持久，否则劳拉以及其他的伴侣会彻底地拒绝我。这会说明，我不是一个良好的性伴侣，也不是一个真正的男人"。我让他对这种信念激烈地进行几分钟的辩论，以向自己说明这种信念极其不合理，并放弃这种信念；同时还要求他把这种信念以及辩论过程录制成磁带。激烈的辩论之后，让我和其他一些了解他性问题的人听一下他录制的磁带，不仅是要看一下他的辩论内容是否准确，而且还要看他的辩论是否足够有力，而不应该是以一种虚弱无力的方式进行辩论。

在第一盘磁带中，罗兰德的辩论进行得相当不错。他的理性信念告诉他不是必须需要在性交时延长时间；如果他不能延长性交时间，劳拉很可能会拒绝他，但并不是每个伴侣都会离开他；如果他一直不能放缓整个过程，那只能证明他只是在与某些伴侣性交时会存在性缺陷，但并不是与每个人性交时都是如此。这当然不能说明他不是一个真正的男人，无论他是否能满足那些女性，他都是一个男人，而且还是一个真正的男人。

罗兰德录下了自己的理性信念，但起初，这只是一种虚弱无力、被动而又不坚定的信念。于是，他又录制了一盘非理性信念的磁带，并试图强有力地辩论这些非理性信念。虽然有所改善，但他仍然没有成功。最后，他又尝试了第三次。这一次，他有力地对自己的非理性信念进行了辩论，并得出了一种有效的新理念（E），他更加相信这种新理念。我和他的朋友在听完他的录音后，一致认为这确实是一种积极的辩论，而且，他实际上已经开始相信这些理性信念了。

角色扮演是我向罗兰德讲述的第二种有用的情绪疗法。他在角色扮演中扮演自己，而另外一个了解他性问题的女性朋友则扮演劳拉——那个曾拒绝他的女性。在角色扮演过程中，他试图向"劳拉"说明，性交并不是只能通过一种途径得到满足，如果"劳拉"对他有耐心，他首先会通过非性交方式来满足"劳拉"，之后，他可能会放缓性交的节奏，进而满足"劳拉"的需求。那个扮演劳拉的女性故意对他的观点提出抗议，坚决不改变自己的想法，不去相信他的话。罗兰德在角色扮演中费了很大周折，但最终还是失败了。于是，罗兰德在表述这些观点时就感到焦虑和犹豫。这时，角色扮演者要像理性情绪行为疗法中角色扮演者经常做的那样，停下来去想：是什么信念导致了这种焦虑感。罗兰德产生焦虑时是这样想的——"有什么用呢？这真是不可救药！我不可能说服她的。我也不能说服任何女性去尝试跟我性交。所以，也许我还是忘了这件事吧，我不仅要放弃劳拉，我还要放弃所有那些希望能够长时间性交的女性。"

在角色扮演中罗兰德产生了这些非理性信念，之后，他对这些非理性信念进行了验证，并及时予以反驳，这样，罗兰德就能继续开展他的角色扮演，虽然他还是不知道如何继续说服那个扮演劳拉的朋友。但是，角色扮演后，他产生了一种健康的遗憾和失望心理，而不是像以前的那种不健康的抑郁和焦虑心理。

反向角色扮演是我用来治疗罗兰德的第三种有用的情绪疗法。假设一位男性朋友（担当角色扮演者）抱有罗兰德的这些非理性信念，他不能在性生活上满足劳拉或任何其他女人。当罗兰德试图说服他改变这些信念时，他还是固执地坚持着这些信念，不管罗兰德如何与其争辩，角色扮演者还是不放弃这些非理性信念。所以，在这种反向角色扮演中，通过激烈地与自己（由朋友来扮演）的非理性信念进行辩论，罗兰德变得更容易说服自己。

深刻的理性应对自我陈述是我用来治疗罗兰德的第四种有用的情绪疗法。罗兰德很容易就能想到几个至理箴言，但他很难使自己真的相信这些理性信念。

所以，我让他重复写下这几个理性应对箴言，不断地重温这些话，直到他将这些话牢牢记住。罗兰德曾写过这样一些有用的理性应对箴言："即使我从未克服射精快的问题，而且劳拉和其他要求长时间性交的女性完全拒绝了我，我也永远不会是一个糟糕的人，我也不是一个真正的失败者。只是对于那些女性来说，我不是很擅长性交，但不是世界上所有的女性都会这么认为"，"我真的非常想在性交过程中放缓节奏，因为我会享受到更多的快感，那些和我做爱的女性也会如此，但是，不是我想要什么我就必须得到什么！我只是希望会是如此而已。要是没有完美的性生活，我依然可以、也确实可以过着愉快的生活。而且不管我是否能改变这种缺陷，我真的下定决心要使自己过上愉快的生活"。

通过使用这些有用的情绪疗法，罗兰德设法使自己放弃了那种希望性交持续更长时间的迫切需要。利用这些疗法，他极大地减少了自己的焦虑感。几个月后，罗兰德性交的时间就能持续 3～5 分钟了。虽然这跟他希望达到的时间长短还有一定的差距，但至少有了明显的改善。

How to
Control Your Anxiety
Before It
Controls You

第18章

坚定相信自己的理性信念

我想再次重复一遍的是：你几乎不会产生纯粹的情感反应，如果有，那也是微乎其微的。这一点对理解你的情绪困扰（如严重的焦虑情绪）来说是至关重要的。我们通常所说的情绪往往会包括你的思想、你对这种思想的情感反应，以及你对这种思想和情感的反应。因此，当你看到"危险"的事物（如一个持枪的人）时，你会认为你的安全受到了威胁，你会感到焦虑，你会像活见鬼般地四处逃窜，或者打电话给警局，或者采取其他一些保护措施。所以，你的焦虑情绪是一种复杂的情绪混合物——融感知、思维、情感和行动为一体，它并不是一种单纯的、纯粹的情绪。

你之所以会产生这种情绪（尤其是焦虑情绪），主要是因为你对你所目睹的危险事物产生了一种强烈的信念。因此，当你看到一个人手持一把枪时，如果你认为那是一把玩具枪，或者枪里没有子弹，或者他只是想将枪装进皮套里；或者他可能是一名警察，或者他打算用那把枪来保护你并使你免受他人的袭击。这时，你往往会产生一种轻度的担忧或警惕心理——因为你害怕自己的看法和想法可能会出错，那个手持枪的人可能真的很危险。但是，如果那个持枪的人看起来非常可怕，你就会坚信他是冲你来的。尽管大多数旁观者可能会持完全不同的意见，但你还是会感到极度恐慌，你会在他攻击你之前先去攻击他，而事实上他可能没想过要去攻击你。

你认为持枪的人很危险，正是这种强烈的信念使你产生了轻度、中度或重度的焦虑心理，而真正的危险物——持枪的人和那把枪，其实并不是导致你产生焦虑心理的原因。如果你认为那个人不是很危险，那么你往往就只会产生一种轻微的焦虑感；但是，如果你坚信那个人很危险，即使没有任何证据表明他是个危险人物，你仍然会产生一种难以控制的焦虑感。因此，重要的不仅是你认为他很危险这种信念，而且还有你对这种信念的坚信程度。

如果想要在焦虑控制你之前先行将其控制，你就很有必要了解这一点：你也许会理性地告诉自己，持枪的那个人没有危险，因为他的穿着打扮像是一名警察，而且他似乎有意在保护你，使你免受伤害；但是，与此同时，你还可能会失去理智，认为任何携带枪的人都很危险，所以，你会认为那个持枪的人肯定是来杀你的。这种强烈的非理性信念很可能会战胜那种微弱的理性信念，因此，你会认为那个持枪的人真的是一个暴徒，他是来杀你的，你会对此做出相应的反应。换句话说，即使没有任何证据来支持你这种坚定的信念，即使这种信念很有可能是错误的，你往往还是会产生一种强烈的情绪反应。

同时，强烈的非理性信念往往会战胜微弱的理性信念，而且还会使你产生一种几乎与社会现实不符的强烈的焦虑感，鉴于上述这些情况，理性情绪行为疗法提出了一些情绪方法来帮助你去辩论这种强烈的非理性信念，并用一种强烈的理性信念来取代它。其中有一种是温迪·德莱顿（Windy Dryden）提出的自相矛盾辩论法，即找到理性信念并对之进行辩论,直到你确信自己真的抱有这种理性信念,而且确信这些理性信念真的有效。温迪·德莱顿是伦敦大学金史密斯学院的教授,他写了许多有关理性情绪行为疗法的书籍,比我出版的书籍还要多。同时他还是一位严谨的创新者,专门从事有用的理性情绪行为疗法技术的研究。

以工作会议演讲焦虑为例

当你产生一种不健康的焦虑情绪,并对这种使你感到焦虑的非理性信念辩论时,你往往会产生一种有效的新理念,你在某种程度上会相信这种有效的新理念,但是这只是一种微弱的信念。举例来说,卡罗琳在一家大型的广告代理公司工作,她是一个很有能力的撰稿人,而且经常受到领导的表扬。她已经在这家公司工作八年之久了,期间有过几次加薪,还发过不少奖金,可谓是公司资历较高的员工了。

尽管公司认可她的价值,但卡罗琳还是会害怕在工作会议上发言。卡罗琳会提出好的想法,其他员工也会对她的想法做出积极的反馈,但她会因为要在公共场合表述自己的想法而感到惊慌失措——她害怕自己说话会结结巴巴,口齿不清,或者会讲一些愚蠢的话,或者在讲话过程中突然不知道要说什么;如果真是这样的话,在场的所有人都会知道她是一个不称职的人,知道她不懂得如何表达自己,他们就会认为她的想法很愚蠢,认为她毫无价值。实际上,作为一名撰稿人,她很称职,而且她也知道自己表现得很好;但是,要通过口头语言来表达自己的想法,她就不知道要说什么了——她也很清楚她的这一问题。所以,除非有人针对她提出问题,她几乎不会在工作会议上讲话,她会拒绝冒险去提出一些不错的想法。随后,她还会因为自己在其他员工面前表现得像个笨蛋而狠狠地咒骂自己一番。

我们在治疗期间发现卡罗琳的非理性信念主要是这样的——"我必须

讲得非常清楚，非常完美；我绝对必须向他们表明我是多么的出色，而不仅仅只是在文笔上很出色（这点他们早已认可了）；我的想法和陈述一定要能给其他员工留下深刻的印象；如果我说话支支吾吾、谈吐不清，他们会认为我只是笔头功夫好罢了，他们会认为我是一个傻瓜；虽然他们会承认我在某些方面做得很好，但实际上他们会鄙视我，而且还会在背后说我坏话。我敢肯定，他们一定是这样的，我敢肯定，他们一定会认为我是一个无可救药的笨蛋，他们认可我只是出于一种同情心，并不是因为我在工作中对他们有所帮助。"

卡罗琳很快就意识到这些都是一种非理性信念，并开始辩论这些信念。她将自己的辩论语句以及辩论后产生的有效的新理念都记录了下来，这点她做得很好，因为她是一个撰稿人，她知道怎么去写这些句子。卡罗琳得出了这些理性信念——"我不必在工作会议上谈吐清晰、表现完美，尽管我很希望会是这样。如果我能向他们表明我是多么的优秀，而不仅仅是在文笔上很优秀，我也会感到很高兴，但这又不是什么绝对必须的事情。如果他们认为我只是擅长写作，别的方面则一无是处，也没什么关系。我希望自己清晰的表述给他们留下深刻的印象，并因此得到他们更高的评价，但这只是我的希望，而不是一种必须的事情。如果我在工作会议上说话结结巴巴，他们认为我是一个废物而且还在背后诋毁我，我依然可以忍受这一结果。很显然他们又不能解雇我，只是会看不起我而已，当然，他们还可能不会这么做。假设他们真的这么做，我依然可以忍受，我仍然会写出好的稿子，我还会快乐地生活下去。即使他们认为我是一个傻瓜，即使他们只认可我的撰稿能力，我还是会接受他们的善意和同情而不会因此感到失望。所以，即使我从未在工作会议上做出过任何重大的贡献，我也不会去贬低自己，我会接受自己的不足。即使他们都在诋毁我，我也不会贬低自己。即使我不擅长表达自己的观点，我还是一个优秀的撰稿人，我仍然会为此而感到高兴。"

通过利用理性情绪行为疗法的治疗，卡罗琳对她的非理性信念进行了深入的辩论，并由此产生了上述有效的新理念。通常情况下，如果她真的相信这些新理念，她就不会再产生这种表演焦虑心理了。其次，她的辩论使她克服了那种拒绝讲话的焦虑感。有了这种有效的新理念，她不会再害怕在工作会议上讲话了，并能尝试着去开口说话。她会发现，即使她说话支支吾吾、谈吐不清，也不会发生什么可怕的事情。

然而，不幸的是，尽管卡罗琳总结出了这种有效的新理念，但她还是不能完全相信这种新理念——至多只能算是一种微弱的信念，并不能说服她。卡罗琳意识到，从总体上看，这种新信念是好的，确实也会有所帮助，但是，她并不能完全相信这种信念。因此，当在工作会议上讲话时，她还是会感到害怕，虽然这种症状有所缓解，但还是很少开口说话。当她在应该讲话的场合却未能开口时，她还是会谴责自己。因此，利用温迪·德莱顿的反驳方法，我让卡罗琳积极地去证明自己的理性信念，进而再次肯定，自己已经具备了一些理性信念。例如，我给她指出她的这种理性信念——"我不必在工作会议上谈吐清晰、表现完美，尽管我很希望会是这样。"然后，她会坚定地对此提出质疑："为什么我必须在工作会议上谈吐清晰、表现完美呢？如果确实如此，这是不是只是我的一种希望，而不是必须要做的事情呢？"

卡罗琳对这些问题的回答是这样的——"显然，没有任何法律规定我必须在工作会议上谈吐清晰、表现完美，既然不存在这样的法律，我就不必去遵守它。如果我能在工作会议上发言那是最好，因为其他员工也许会从我的发言中受益，并因此认可我。他们会认为我就是一个有价值的团队成员，这也会给我带来一些益处；他们还会认为我不仅仅是一个出色的撰稿人，同时我还具备其他方面的能力。要真是这样，那就太好了。虽然我确实已经很长一段时间都没发言过了，但我依然能够获得一些人的认可。不管有多少原因证明我应该在工作会议上发言，并做出良好的表现，但是，显然我没有必要这么做。虽然我有这种强烈需求，但这种需求不是必须要实现的。"

然后，卡罗琳又对一些其他的理性信念进行了论证，看看自己的这种信念是否很强烈。例如，她找到了这样一个理性信念，"我不必在工作会议上谈吐清晰、表现完美，尽管我很希望会是这样。如果我能向他们表明我是多么的优秀，而不仅仅是在文笔上很优秀，我会感到很高兴，但是，这并不是什么绝对不可的事情。如果他们认为我只擅长写作，别的方面则一无是处，也没什么关系。"她是这样对这种理性信念进行辩论的，"虽然我很希望自己能在工作会议上谈吐清晰、表现完美，为什么我必须这么做呢？如果我能向他们表明我是多么的优秀，而不仅仅是在文笔上很优秀，为什么我会从中获益呢？但是，又为什么我不必这么做呢？"

通过论证这些理性信念，卡罗琳得出了这些答案："我不必在工作会议上谈吐清晰、表现完美，因为这根本就不是什么必须的事情。很明显，这么多年来我很少在工作会议上发言，他们仍然认可我，甚至还给我加薪。如果我能在工作会议上发言那是最好，因为这是我想要的，而且其他员工还可能会给予我更多的认可。但是，想要和必须之间还有很大的差距。人生而注定会死，公民必须纳税，这些都是必要的，但同事的认可显然并非如此。"

卡罗琳不断地论证这些理性信念，直至她坚信这些理性信念。起初，她只能勉强接受它们（这是无效的），但现在她坚信这些信念——这种方法真的很有效。而且，从一开始的不在工作会议上发言，到流利地公开发言，她完全接受了自己，而且再也不会感到有任何的焦虑。

就像卡罗琳一样，当你产生一种理性信念和有效的新理念时，你可以向自己、他人讲述这些信念，如果你不相信它们，可以对它们提出质疑。对你或者所有人来讲，生搬硬套这种理性信念很容易。如果你真的相信这种信念，你就会意识到它们真的很有效。有时，你会说，相信这些信念只不过是为了使自己摆脱困境。因为你的这些信念没有产生任何效果，所以你明白你的行为是不合理的，因此你会找出一些理性信念，而且你的行为会让人以为你真的相信它们。然后，你会说我做到了，而事实却并非如此。你也会错误地认为你的思想不会影响你的情绪——不健康的情绪（就像焦虑一样），因为你的这种情绪能轻易地控制你，而且这些情绪会让你认为没什么非理性信念。

无论如何，当你看似抱有一种理性信念，而实际上你仍然会产生一种不健康的情绪和行为时，利用温迪·德莱顿的这种方法提出质疑，直到你看到并感受到你确实抱有这种理性信念。只有这样，你才更有可能产生一种更健康、更有效的情绪和行动！

How to
Control Your Anxiety
Before It
Controls You

第19章

幽 默 感

我们还可以用幽默的眼光来看待那些非理性信念和因此而产生的不健康的消极情绪,这也是一种应对焦虑情绪的方法。人类往往倾向于将不愉快的事情看得太过严重,这反而会给自己造成困扰。因此,如果你害怕独自一人走夜路或不敢走上荒无人烟的道路,你会将这个问题看得非同小可,你希望通过这种心理来保护自己。除了阳光明媚的天气外,你几乎不愿迈出房间,即使房子着火了,你仍旧不愿走出去;只有当街上人来人往时,你才愿意走出去。你已经完全失去了对黑暗的洞察力,而且你将黑暗看得太过严重。

同样,焦虑不堪的人会失去对事物的洞察力,而且这种人没有幽默感可言,因为他们会认定某些危险的事物一定会很糟糕、很恐怖,他们意识不到这种想法是多么的愚蠢、多么的可笑。例如,电梯恐惧症患者深信自己会在电梯里窒息,或者电梯肯定会坠落。他并没有意识到,电梯可能是世界上最安全的交通方式,每天都会有成百上千的人乘用电梯,他们都没发生过什么意外。这种人完全失去了对电梯的洞察力和幽默感,他会想象可能发生成千上万种意外情况，然而，实际上这些意外情况从未发生过。

幽默会缓解你对某些事情的压力——包括一些相当严重的事情。如果你害怕在公众场合发言，那是因为你认为所有的听众都会看着你，他们会等着看你出丑。专门从事公众演讲恐惧症治疗的医师往往会让你去想象这样一幅画面：这些听众将裤子褪至腿弯处或撩起裙子坐在马桶上便秘时的表情。这种诙谐的画面可以有效地缓解你的焦虑情绪。

同样，如果你担心隔壁的夫妇会因听到你和性伴侣做爱的声音而看不起或嘲笑你，再或者你担心他们笑话你太痴迷于性交，那么你可以想象一下——这对夫妇性交时用沉重的链条抽打着对方来寻求刺激的画面，这样你很快就会意识到自己的恐惧是多么的可笑。

理性情绪行为疗法经常会利用幽默感来帮助你克服你的焦虑情绪。例如，如果你认为其他人在监视你，他们想看到你糟糕的表现或肆无忌惮地嘲笑你，那么幽默会向你说明这是一件多么可笑的事，它会告诉你没有人会去关注你那种可耻的恐惧感（如20多岁的你看到自己头上有一两根白头发，你会感到很恐怖），他们也同样会产生很多愚蠢的恐惧感。幽默会告诉你，其他人可能会更在意你怎么去看待他们和他们的愚蠢行为，因此，他们很可能完全不会去关注你和你的行为。当你在公共场合表现得十分焦虑时，你会害怕别人嘲笑你，而实际上，大多数观众都会和你产生同样的感觉，他们会很庆幸那一刻他们并没有像你一样焦虑。

正如理性情绪行为疗法所强调的一样，让你感到苦不堪言的不是你做了什么，而是你对不愉快事件的看法。如果你采用一种悲观的、过于严肃的观点来看待这个问题，你就会变得焦虑或抑郁。如果你能用一种幽默的观点来看待这种不愉快事件，你也许就会感到很搞笑，还会因此乐在其中。

如果你不把事情看得过于严重，而是持一种保留态度或学会采用一种幽默的方式来看问题，你往往会远离这些困扰。通过分散自己的注意力，你将不再过多思考那些严重的不安想法，你会减少那种夸大的信念，并会学会接受人性的弱点。幽默使你意识到生活中还有许多供你玩味的糗态。

过于严重的心态会使你产生一种焦虑和抑郁感，尝试着用一种幽默感来看待你的思想、感觉和行为，你就能够看到生活中幽默或有趣的一面——有你的，也有他人的。因此，即使你工作面试时被拒绝或交往时被拒绝，你都能从中看到幽默的一面；如果你不断地持这种幽默的态度去看待问题，你很可能就会被他人接受。幽默在减轻焦虑的同时也会提升你的乐观心态。

可以肯定的是，失败和遭拒绝有其不好的地方，但也有其幽默的地方。例如，当你表现得不错时，人们也会拒绝你——尤其是当你表现得比他们更好时。学会用幽默的眼光来看待事物的阴暗面，这会有助于你减轻自己的焦虑感。

例如，你可以嘲笑自己的失败，可以拒绝用过于认真的态度来看待你的失败，然后你就会意识到，"希望自己能获得成功而且永远不会失败"是一件多么可笑的事。你可能会失败，但如果不沉溺于失败的悲伤中，下一次你就有可能取得成功。当你用一种幽默的眼光来看待你的失败时，你就会明白，成功和失败都是人类生存条件中必不可少的一部分。你不应该过于严厉地对待自己或认为自己会不可避免地继续失败下去。

如果你能用一种批判但又很幽默的态度来看待你的缺点，你会发现，你可以控制自己的消极情绪，而且以后也会减少消极情绪的产生。如果你不去贬低自己，而是用一种讽刺的态度来看待你的错误行为并尽你所能从中吸取教训，你就会坦然地接受失败，而不会产生一种糟糕至极或灾难性的心理——这种心理往往会导致更大的失败，也不会让你从当前的错误中吸取到教训。

理性的幽默歌曲

为了鼓励你在失败和遭受损失时利用幽默感来调节自己的情绪，我编了许多理性的幽默歌曲。第一次利用这些歌曲是在1976年，那时，我们在华盛顿特区参加美国心理协会年会，在那场主题为"心理学家如何运用幽默感"的研讨会上，我让台下的心理学家同我一起唱这些歌曲。这些歌曲的作用可谓非同凡响，自从那次我开完理性情绪行为疗法的讲座和讲习班后，这些歌曲就一直伴随着我和我的听众们。有时，我会在纽约阿尔伯特·埃利斯研究所举办讲习班，在颇受追捧的周五夜间讲习班上我也会唱这些歌曲。

我发现这些歌曲给听众带来了很好的效果，所以我决定用这些歌曲来治疗那些定期客户。我们的研究所也印制了大量的歌谱，分发给客户们。每当他们感到焦虑时，他们就可以选择一首抗焦虑的歌曲唱给自己听；当他们感到沮丧时，他们也可以选择一首抗抑郁的歌曲唱给自己听。通过这种方式，很多人在短时间内就减少了他们的焦虑和抑郁情绪。

以下是一些抗焦虑的理性歌曲。首先，这几首歌能以一种幽默的方式来缓解你的焦虑情绪。

完美理性

伴奏：《富尼古利，富尼古拉》（"Funiculi, Funicula"）作曲：路易兹·邓察

> 有些人认为世界必须要有一个正确的方向，
> 我也如此！我也如此！
> 有些人认为，丝毫的缺陷，
> 他们都不能容忍——我也如此！
> 因为我，我必须证明我具有超人的神力，
> 常人无可比敌！
> 我具有神奇的洞察力
> 堪称伟人！
> 完美，完美理性

当然是我的唯一追求！

我怎能想象

我容易犯错？

对我来说，理性必须是完美的！

我喜欢强迫症

伴奏：《扬基歌》（"Yankee Doodle"）

有些人喜欢快感，

追求真正的兴奋，

有些人喜欢强迫自己，

但我喜欢强迫自己！

强迫症患者，战斗吧！

强迫症患者，公子哥！

抱着必定的信念，耶，耶，耶！

准备大显身手！

是的，我知道我可以创造

更大的满足感

但我宁愿强迫自己

我要聚精会神！

强迫症患者，战斗吧！

保持着这种信念！

抱着必定的信念，耶，耶，耶！

一切务必都是胡扯！

我为烦恼狂

伴奏：《我为哈利狂》（"I'm just Wild About Harry"）作曲：尤比·布莱克

我为烦恼狂

疯狂为自我而烦恼!

烦恼和我自己铸就了这可怕的生活

其中还充满了焦虑!

哦,是我为烦恼平添了苦恼

看看他的约定!

哦,我为烦恼狂

那是一种疯狂的烦恼

绝不是一种平和的态度,

大多数是由自我引发的!

哦,你能看到我是谁吗

伴奏:《星条旗永不落》("*Stars and Stripes Forever*")

作曲:约翰·菲利普·苏萨

哦,你能看到我是谁吗?

我是宇宙运行的动力!

你所崇拜的神都是一场骗局

我比他们更加伟大!

我就像一个攻城锤

我是一个行动者,也是撼动者!

而实质上,我只是

一个普通的棉花糖,

一个恶贯满盈的伪装者!

你不是最伟大的人

伴奏:《富尼古利,富尼古拉》作曲:路易兹·邓察

有些人认为你并不是最伟大

我也如此，我也如此！

有些人认为你只是一个新手

我也如此，我也如此！

因为我，我真的很讨厌你的自吹自擂

你是神，我觉得很奇怪！

我尝试着去寻找丝毫的迹象

但你依然坚持，你是最伟大的人！

我不能忍受你冠冕堂皇的说辞！

我认为你只是一个凡人！

我怎能把你当神一样朝拜

一切都是显而易见的

地球和太阳都是由我掌控的

是我，是我，是我！

也许你正在通过本书来学习这种方法，因为你也会产生不适的焦虑感，或者是你的挫折忍耐力较低。你可以通过下列理性的幽默歌曲来消除这些情绪，这些歌曲讽刺性地描述了这种不适焦虑感。

爱我，爱我，只爱我一人！

伴奏：《胜利之歌》("Yankee Doodle Dandy")

爱我，爱我，只爱我一人

我不能没有你！

哦，给你的爱人一个承诺，

我就不会再去怀疑你！

爱我，全身心地爱我——真心，真心去爱我，亲爱的。

但是，如果你也要求他人爱你，

我会恨你入骨，亲爱的！

爱我，永远爱我，

自始至终，全心全意！

我的生活将百无聊赖

除非你给予我纯粹的爱！

给我你的温柔，

不要说如果或但是，亲爱的。

如果你爱我少了几分，

我会恨你入骨，亲爱的！

哎，哎，哎！

伴奏：《耶鲁大学无伴奏男声合唱团团歌》（"*Yale Wbiffenpoof Song*"）

作曲：盖伊·斯卡尔——一个哈佛人！

我不能充实我所有的愿望

哎，哎，哎！

我不能平息每一个挫折

哎，哎，哎！

我错过了一些东西，是生活欠我的，

命运应该赋予我永恒的幸福！

而我必须勉强接受这些不幸——

哎，哎，哎！

我会郁闷，郁闷！

伴奏：《世纪的哭泣》（"*The Band Played On*"）作曲：查尔斯 B. 沃德

当生活稍有差池，

我就会郁闷，郁闷！

每当出现琐碎的纷争，

我就会极度苦恼！

哦，当生活不如所愿时，

我就无法容忍！

当生活稍有差池，

我就会吼叫，吼叫，吼叫！

你拥有我，我拥有我

伴奏：《鸳鸯茶》（"Tea for Two"）作曲：文森特·尤曼斯

想象，你与我抵膝对坐，

你拥有我，我拥有我！

我会是多么的幸福，亲爱的！

虽然你恳求我

你从未触及过我的内心

因为我是一个自闭症患者

我是一个真正神秘的人！

我只对自己说话

我是伟大的，亲爱的！

如果你尝试着关心我

你会看到我对你的关心逐渐减退，

因为配不上你，我不能给予你公平的爱！

如果你想要一个家庭，

我们都要允诺你会照顾我——

这样，你会看到我会是多么的幸福！

美丽的你

伴奏：《美丽的梦神》（"Beautiful Dreamer"）作曲：斯蒂芬·福斯特

美丽的你，为什么我们要分开？

从一开始，我们都在分享对方的整个生命

我们已经习惯了这个过程，

哦，离婚就是犯罪！

美丽的你，不要走！

如果你走了，还有谁会照顾我？

虽然你让我看起来像是一个混蛋，

没有你，我举步维艰！——

没有你，我举步维艰！

荣耀，荣耀哈利路亚！

伴奏：《**共和国战歌**》("*Battle Hymn of the Republic*")

我的眼睛已经看到了荣耀

那是人际关系在闪耀

当爱的激情来了——又去！

荣耀洒向路旁

我曾听说过恋情的伟大

那里没有一丝一毫的乏味

但我是一个怀疑论者！

荣耀，荣耀哈利路亚！

人们爱你，直到他们将你操控！

如果你想削弱他们对你的操控，

那就不要去希望他们不会做到！

荣耀，荣耀哈利路亚！

人们为你欢呼——也会对你嗤之以鼻！

如果你想削弱他们对你的操控！

那就不要去希望他们不会做到！

我多么希望我不是那么疯狂

伴奏：《迪克西》("Dixie") 作曲：丹·埃米特

哦，我多么希望我完美无瑕

就像漆皮一样光滑细腻！

哦，天生沉稳是多么美好的评价呀！

但我害怕我注定没那么好的运气

我会受到人们的指责——

哦，像爸妈那样疯狂，真是太可悲了！

哦，我多么希望我不是那么疯狂！万岁，万岁！

我希望我的思维

不要那么模糊不清！

你看，我接受这个观点。

可是我，哎，我太懒了！

利用这些抗焦虑的理性幽默歌曲以及其他一些幽默方式，你会减少一些不必要的焦虑。那些使你产生焦虑情绪的应该、务必、必须信念完全都是因为你过于看重某件事情而缺乏一种幽默的态度所引起的，如果你用幽默的态度来对待这些需求，你就会意识到，你完全没有必要绝对表现好，最终你将完全摆脱那种不适感，你一定不会再感到焦虑。幽默能使你保持一种豁达的心态，释放掉你的压力；而务必和强求则是心胸狭窄的表现，它们会抑制你的自由行动。尽量减少这种强迫性的心理，你会将你的焦虑感减至最小，并能在焦虑控制你之前先行将其控制。

How to
Control Your Anxiety
Before It
Controls You

第20章

暴露疗法和系统脱敏法

理性情绪行为疗法由认知、情绪和行为疗法组成，这是本书自始至终贯彻的一个思想。在本章中，我将对理性情绪行为疗法中一些主要的行为疗法逐一说明，以帮助你在焦虑控制你之前先行将其控制。

正如本书开篇曾指出的，通过精神分析和行为疗法相结合的方式，我克服了公开演讲焦虑症以及与心动女性约会的恐惧症。事实上，我认为没有什么事情会使人产生极大的焦虑感，尤其是那种没有危害的追求（如公开演讲），我的这一观点主要是受哲学家的影响。早在19岁时，我就已经读过一些有关认知疗法的书籍，其中比较不错的有阿尔弗雷德·阿德勒（Alfred Adler）的个体心理学，但是给我留下印象最深刻的还是古希腊和古罗马实事求是的哲学理念，尤其值得一提的是伊壁鸠鲁（Epicurus）、爱比克泰德（Epictetus）和马可·奥勒留（Marcus Aurelius）的哲学。他们明确地告诉我，大部分焦虑和恐惧感都是因为我自己的直线式思维造成的，而我完全可以将这种焦虑和恐惧感最小化。这真是人类史上一种绝妙的见解，我决心对这种观点加以利用。

不过，我还读过有关约翰·华生试验的书籍。他将那些对老鼠和兔子有恐惧症的孩子作为实验对象，通过现实脱敏法使这些孩子克服了恐惧症。他把这些孩子暴露在他们害怕的动物面前，直到他们熟悉这些动物，意识到这些动物不会给他们带来什么伤害，最后他们甚至开始抚摸这些动物。所以，我借鉴这一点，利用暴露疗法来克服我的公开演讲焦虑症和被心动女性拒绝的恐惧症。我故意使自己失败或被拒绝，从而产生一种不适感，之后我会与这些有关失败和被拒绝的非理性观点进行辩论，通过这两种方法的锻炼，我取得了显著的进展。我并没有使用任何精神疗法，仅仅通过短短几个月的自助治疗，就不再感到焦虑和恐惧了。

1943年，我成为了一名心理治疗师，我用这些疗法治疗了许多客户，他们的焦虑感也因此大大缓解。那个时候我对弗洛伊德的理论有点痴迷，他的理论不像"弗洛伊德的学说"，倒更像是一种自由主义分析，就像埃里希·弗洛姆（Erich Fromm）、哈里·斯塔克·沙利文（Harry Stack Sullivan）、弗朗茨·亚历山大（Franz Alexander）、托马斯·弗兰奇（Thomas French）和卡伦·霍妮（Karen Horney）的研究一样；1947年，我开始与理查德·豪贝克（Richard Hulbeck）合作来推广我们的分析培训。因此，在那几年我一直身兼双职——非弗洛伊德学说分析师和认知行为治疗师。我虽称自己为分析师，而实际上，1953年以前我一直从事两种形式的心理治疗工作（就像那时许多分析师会将自己称为精神分析学家一样，实际上，他们从事的大部分都是非分析工作）。后来，我意识到精神分析弊大于利，于是在1953年，我放弃了这方面的研究，开始专注于心理治疗师的工作，并开始创立理性情绪行为疗法。1955年1月，我推行了我所称的理性疗法（RT），其中包括许多认知、情绪和行为疗法，尤其值得一提的是现实脱敏法或暴露疗法。

到1955年为止，我已经写了5本有关性与爱的书籍，并发表了40多篇有关人际关系和婚姻的专业文章。我的大多数客户都患有性焦虑和恋爱焦虑，所以我用这种暴露疗法对他们进行治疗。我说服他们与那些令他们恐慌的人约会，不断尝试与那些性交不愉快的伴侣发生性关系，并尽量去维护濒危的婚姻和人际关系。当他们改变了那种言过其实的、糟糕至极的信念时，我让他们硬着头皮、咬紧牙关，不断去尝试，不断去失败，让他们在实践中看到，这并不是什么可怕的事情，他们的个人价值并没有因此受到威胁——除非他们这么认为。

那些患有严重性焦虑和恋爱焦虑的客户在我的帮助下取得了很大的进展，这使我意识到我的方法是正确的——失败和被拒绝的暴露练习在大多数情况下都是很管用的。那些经历过一系列失败，有些甚至已经失去信心的客户，重新恢复了他们的自信。最初，他们往往会经历几次失败，但随后就会开始取得成功，并能获得极大的享受。那些为失恋而差点自杀或害怕重新开始一段新的恋情或婚姻的客户，也逐渐开始约会和交往——其中一些客户很快就能与他人保持一种良好的恋爱关系。

我继续敦促更多的客户去尝试、去承担风险，并去尝试他们担忧和恐惧了多年的性爱关系，我还因此写了许多有关认知行为心理治疗技术积极成果的书籍和文章。与其他心理治疗师相比，我治愈了非常多的对性爱关系感到焦虑的客户。虽然金赛、马斯特斯和约翰逊的科学著作也给这些患者带来了很大的帮助，但是我的平装畅销书，如《没有罪恶感的性爱艺术和科学》赢得了数以百万计读者的喜爱（这些读者几乎没人会愿意去翻看一篇科学论文）。20世纪60年代，很多人会在我的公开讲座及讲习班中向我致敬，他们会感激地告诉我，在阅读了我的几本平装畅销书后，他们开始逐渐克服了自己的性焦虑。

你也可以利用行为疗法来克服你对性、爱和其他方面的焦虑症，这些疗法都是我于1955年1月刚开始研究理性情绪行为疗法时得出的，早在50年前我就开始广泛使用这种技术了。

行为疗法中最主要的治疗方法是现实脱敏法或暴露疗法。19岁时，我亲身实践了这种疗法。即使在早期的行为疗法中，也很少有人会使用暴露疗法，因为人们认为这是一种激进的侵入性方法，客户很可能会因此产生抵制情绪。那时，那种被动的和间接性的非条件疗法更受欢迎，尤其是行为治疗师约瑟夫·沃尔普（Joseph Wolpe）的想象脱敏疗法或交互抑制法。沃尔普认为，如果你出于非理性信念而害怕某个事物，如一条无害的袜带蛇，或者甚至是一张蛇的图片，你就应该这样去想象：那条蛇距离你一英里之遥，然后利用雅克布森的渐进放松技术使自己放松下来；再然后，想象这条蛇离你半英里之遥，并使自己放松下来；接着想象蛇离你只有1/4英里远，并再次放松。依此类推，直到你对那条蛇的敏感度降低下来，当你想到它或遇到它时，你就不会再那么害怕。20世纪60年代的许多实验表明，虽然试验者为此提出了不同的理论，但这种交互抑制法往往成效卓著。

当运用理性情绪行为疗法时，你也可以使用沃尔普的想象脱敏疗法来减少你对袜带蛇的非理性恐惧，这种方法也可用于许多其他的"可怕"事情。但是，在最后的练习中，你可能要亲临动物园去与这种蛇近距离接触，否则你很难断定你不再害怕它。20世纪70年代，人们又对行为疗法做了更多的试验，然而，想象脱敏疗法似乎并不能解决最严重的非理性信念（如有些人患有强迫症，他们会认为一直处于一种焦虑不安的状态，除非他们继续保持那些强迫性的习惯）。因此，你需要将一些人真正暴露在他所害怕的事物面前，这样才能真正减少或消除他们的恐惧感。

地铁焦虑症和惊恐障碍案例

运用理性情绪行为疗法时，我建议你使用活体暴露法来尽量减少你的非理性恐惧感。我们以麦尔为例。麦尔是一个电脑分析员，他住在布鲁克林区，他的工作地点在曼哈顿市，他已经在那里工作有15年之久了。麦尔很喜欢这份工作，而且老板还会不时给他加薪。但是要想去上班，他就必须乘一个小时的地铁，这是他唯一的选择。他特别害怕乘地铁，而且他几乎从未乘过地铁去上下班。麦尔患有习惯性肩关节脱位，要是开车上班的话就会很危险，所以他总是搭同事的车去上班，他会和那些住在布鲁克林（甚至远在长岛）的车主约好乘车时间，然后和他们同时上下班。由于这种事情很难安排，他往往还是要乘公交或打的士，但打的士的话太浪费钱了，要是乘公交的话又太浪费时间。然而，他患有地铁恐惧症，偶尔几次乘坐地铁他都会感到极大的痛苦和恐惧。

也并不是出于什么特别的原因，麦尔就是对乘地铁感到很恐怖。他的亲戚朋友都没有在乘地铁期间受过伤害，他也没有。有一天，当他乘地铁去上学时，地铁在行走过程中暂停了五分钟，他感到一阵恐慌，心跳加快，浑身出汗。但是，什么事儿也没有发生，地铁很快就又重新启动了。那就是麦尔的最后一次地铁之行，距今已经有很多年了。和那些容易感到惊慌失措的人一样，麦尔也患有惊恐障碍，他坚持认为自己绝对不能忍受地铁中途停下来，那样的话他就会陷入恐慌中。他不想感到恐慌，所以他选择乘车、打的或坐公交，虽然很不方便，但至少他不会感到害怕。

在理性情绪行为疗法的帮助下，我帮助麦尔克服了这种继发症状——惊恐障碍。和那些经历过恐慌的人一样，他的挫折忍耐力很低（LFT）。他会这样告诉自己："我绝对不能恐慌！恐慌是我所经历过的最不愉快的感觉，我不能忍受恐慌带来的那些可怕的感觉，如心悸、喘气、四肢麻痹。我会感觉自己就要死了，我甚至常常会觉得要是死了就好了，那样我就能完全摆脱这种痛苦。如果我注定要遭受这种罪，我余生将一直为这种可怕的经历而担惊受怕，我活着还有什么意义呢？如果不是因为我会给父母和兄弟带来痛苦，我真的会考虑结束这一切，使自己摆脱这种苦难。"换句话说，麦尔不仅极其不喜欢这种严重的惊恐障碍，而且他无法容忍这种恐慌感，如果恐慌将一直伴随他，他永远也快乐不起来。这就是为什么他会拒绝乘地铁而选择那种极为不方便的交通方式。

其次，当麦尔在地铁暂停时，他会感到恐慌而陷入一种麻痹状态，虽然起初他否认因其余的乘客看到他的这种状态会看不起他而感到羞愧，但我不断对他提出质疑，并得到一个重要的发现。当他处于恐慌状态时，他似乎全然不介意别人看到他不停颤抖和麻痹的情形，但他特别害怕自己可能会失去机体控制而吓得尿裤子。这才真是羞愧！要是周围的乘客看到自己裤子上尿迹斑斑，还散发着阵阵难闻的气味，真是太恐怖了。这种情况真是糟糕至极，我必须不惜一切代价避免这种情况发生。如果真的发生了，麦尔以后都会感到这是一件极其耻辱的事情。

我们可以肯定地说，麦尔不但对地铁的挫折忍耐力低，还会因极度恐惧而自我贬抑。通过使用理性情绪行为疗法，我们使他改变了那种非理性信念。最后，至少在理论上，他意识到自己可以忍受那种剧烈的情绪，以及因恐慌而产生的无助感。如果他吓得尿裤子，周围的乘客因为他身上散发的难闻气味而远离他，他也可以忍受。当他思考过自己因恐慌而产生非理性信念时，他甚至还得出这样的结论：地铁中那些因为他尿裤子而对他反感的人可能永远都是陌生人，他很可能不会再见到他们，同时那些人也很快就会忘了这件令人厌恶的事情。麦尔还认为，"其中有些乘客甚至不会因为他尿裤子而远离他，他们会认为这是恐慌造成的一种正常的麻痹现象。如果这种情况发生，他们会表现得很友好，并热情地帮助他。"

到目前为止，进展很顺利。麦尔对那些因恐慌而产生的非理性信念以及那些绝对需求（如他无论如何也不应该感到恐慌，也绝对不能让别人看到他的恐慌）进行了辩论，并克服了一部分自己害怕在地铁上经历恐慌的心理。至少，当想象这种事情发生时，他不会再感到极度焦虑了。然而，如果真的坐在地铁中就不行了，他甚至根本不愿意去尝试。

与此同时，麦尔上下班的问题变得更严峻了，他的公司从曼哈顿市搬到了泽西城，他根本不可能搭同事的车上下班，公交路线变得更复杂，要比以往更加浪费时间，而且打的太贵了。现在最好的方式就是先乘地铁到曼哈顿，然后再搭乘港务局列车（另一种形式的地铁）到泽西城。但是，如果是这样，他会比以往更容易感到恐慌。

麦尔很想在布鲁克林找一份电脑分析员的工作，即使是薪酬低点也没关系，但最终还是无济于事。他甚至想到要改行，随便找一份什么工作都行，但他将不得不放弃为之奋斗15年的工作，并放弃享受退休金的权利。看起来，好像没有什么可行的方案，因此麦尔变得越来越焦虑和抑郁了。

最后，在别无选择之下，他决定要克服自己的地铁恐惧症。几个月来，他不停地通过想象来辩论这些非理性信念。他甚至还来找我，让我给他传授一些克服恐惧症的实用方法，他认为，如果我能给他提供一些合理的简易方法，使他能克服这种恐惧症并能改善自己的地铁逃避倾向，这样他就不会再产生不适感了。

幸运的是，之前我曾治疗过几个地铁恐惧症患者，并为他们制订了一个极其简易的计划，我把这个计划推荐给了麦尔。我让他去离家最近的地铁站，乘地铁坐到下一站下车；等上5~10分钟后，当下一班地铁来时，上车坐一站后再下车。我让他不断地重复这种方式，每次只坐一站，等到他习惯后，他的恐惧症也减轻了。而且，由于那一条线上的地铁在地面之上，他也不会害怕被困在地下了。

麦尔理论上同意我的这个计划，但他还是不停地找借口推迟行动，他还是害怕自己会惊慌。他因这种恐惧症而产生一种恐慌心理，一想到如此，他就会感到恐惧。有一次，那是一个星期天，乘地铁的人比平日要少，他强迫自己坐上了地铁，坐了一站后，他又换了另外一趟地铁。当走上第一趟地铁时，他感到很害怕，他不停地告诉自己："只有一站，只有一站。真是糟糕的一站！"在下一站下车后，他松了一口气。事实上，并没有发生什么可怕的事情，虽然他感到很焦虑，他没有感到恐慌。

下一个星期天，麦尔再次乘坐了地铁至下一站然后下车；再下一个星期天，他坐了两站；两个月后，他就能坐上好几站，每坐一站他都会下车，然后换乘另一趟地铁。随后，他尝试着每次坐两站再下车，然后是三站，再然后是更多站。在这几个月内，当人不是很多时，麦尔每星期都能乘一趟地铁经过好几站；接着，他开始尝试在人流攒动的工作日乘车。结果是，没有发生什么可怕的事情，他也没有感到恐慌，有时他仍然会感到焦虑和不安，但是随着乘车次数的增加，他开始意识到恐慌并没有什么大不了的。这样尝试几次后，当地铁驶入地下，在中途无缘无故暂停5或10分钟时，他只是比平常多了一些焦虑，但仍然不会感到恐慌。有一次，地铁中途停了15分钟左右，他甚至希望自己会感到恐慌，这样他就可以知道自己是否能处理这种情况而不是为此而恐慌。但实际上，自此之后他乘地铁时再也不会感到恐慌了。九个月后，麦尔很确定自己不会恐慌了，如果真的恐慌了，他也知道该如何处理。他每天都会坐地铁，还会坐从曼哈顿开往泽西城的列车，他很高兴自己成功做到了这一点。

其他事情也有了进展，麦尔发现他可以自如地在地铁和列车中阅读书籍或报纸，而他很难在汽车或巴士中做到这一点。因此，他往返公司期间花费的1小时15分钟的时间再也不是一种糟糕的体验，而成了一种愉快的体验。

你也可以征服这种限制你日常活动的焦虑感。正如麦尔一样，你可以利用理性情绪行为疗法来探索那些使你感到焦虑的非理性信念，它们会阻止你做那些有益的或是愉快的事情。但是你一定要强迫自己去做，虽然一开始会感到不安，但一定要坚持下去，或许这种不安感并不会要了你的命，而且还会让你很快就克服这种焦虑感。

学期论文焦虑案例

大学期间，因为每学期都要交历史论文，弗朗西斯感到很恐惧，她总是哄骗和收买山姆（她的男友）来帮她写论文。她会把所有的研究工作做完，并打好初稿，但她从来就没有完成过终稿。她会说服山姆，让他帮忙修改一下论文，并帮她写完；如若不然，她就不交论文。但山姆修改得很少，因为他认为弗朗西斯已经写得足够好了。但是，要是山姆不给她做最后的润色，弗朗西斯还是不愿把论文交上去。

弗朗西斯会因为自己每学期都没好好完成论文而谴责自己。当她需要依靠山姆才能完成论文时，我就给她讲了一下无条件的自我接纳（USA）。我告诉她，她的行为是一种软弱、愚蠢、无能的表现，她对论文的恐惧感完全是自己造成的；但她并不是一个软弱、愚蠢、无能的人，只是一旦涉及学期论文恐惧症，她就会变成这样。

如果山姆不给她修改论文，弗朗西斯就不愿交学期论文，所以，我让弗朗西斯带上山姆一起来参加治疗，我向山姆解释说——实际上，他屈服于弗朗西斯的要求，帮她修改论文，这其实对她并不好。然后，我让山姆允诺，在接下来的一个月内，当要交三篇学期论文时，他不能再帮助弗朗西斯修改。弗朗西斯要么就直接将论文交上去，要么就干脆别交。

一想到要靠自己个人的力量写好论文并交上去，弗朗西斯感到极其焦虑，她试图让其他朋友来代替山姆帮她完成最后一道工作。但是，她发现自己孤立无援，没有人愿意帮助她。于是，她只好自己坚持下去，并不停地告诉自己，一个人写论文也没有什么可怕的。她强迫自己写完了三篇论文并交了上去，虽然整个过程中会感到一些不适——弗朗西斯在写第一篇论文时感到极其焦虑，而且还会不断地抱怨；写第二篇时就没那么焦虑了，抱怨也减少了；当完成第三篇论文时，她几乎没有什么焦虑的感觉，也不再抱怨了。此后，每次该交论文时，她都能积极地完成，再也不会依靠山姆或其他人的帮助了。一想到自己也能完成论文，弗朗西斯就感到欣喜若狂。

弗朗西斯的案例表明，虽然暴露疗法是一种渐进式的方式，其效果有时也是立竿见影的。因此，很显然，你可以根据自己的情况去选择使用其中的一种疗法，或结合两种疗法来搭配使用。不管你使用哪一种方法，一定要找到使你产生焦虑感并让你去躲避某些困难情形的非理性信念，极力地去辩论这些非理性信念，并改变它们。如果你还存在恐惧心理，尝试着去做那些使你感到害怕的行为，不管你会产生怎样的不适感，一定要坚持去尝试。我经常会跟我的客户这样说，如果你因尝试这些事而命丧黄泉了，你也不要感到恐惧——我们一定会保证为你筹备一场隆重的葬礼，我们会为你献上美丽的花朵和规模宏大的场景。但是，你是不会死的。相反，很多时候，你会逐渐克服你的焦虑和恐惧感，你会很高兴地看到自己再也不会陷入那种恐惧的状态中了。

How to
Control Your Anxiety
Before It
Controls You

第21章

容忍和适应容易引发焦虑的情境

通常情况下，你会想办法去减少那些容易引发焦虑的情境，因此，如果你患有公开演讲惊恐障碍，你往往会躲避公开发言。如果你害怕接近那些有魅力的约会对象，你会躲避那些人。然而，每当你在试图减少这些令人担忧的情境时，你就会增加自己的焦虑感。你通常会告诉自己，"如果我在公开场合讲话，我一定会表现得异常糟糕，人们肯定会嘲笑我，我会感觉自己像是一个白痴一样。"或者说，"如果我走近那个有魅力的人，请求她跟我约会，她会认为我不够格，断然拒绝我，那么我会觉得自己是一个没有价值的人。"

因此，你会躲避那些使你害怕的事情，虽然这种行为会使你暂时放松下来，然而你的非理性焦虑会逐渐增加。改变理性情绪行为疗法 ABC 理论中的 A（不愉快事件）也是如此。即使你这样做，你也很容易会产生一种非理性信念和新的不安 C（结果）。

工作批评焦虑案例

我们以塔尼娅为例。塔尼娅是一个模型工，她非常害怕别人会批评自己，尤其是针对她的工作提出的批评。每当她遇到一个挑剔的老板或上司（或她认为这个老板很挑剔）时，她就会马上找个借口辞去工作，并去找一份新工作。在找另一份工作时，她参见面试的次数要比那些面试官面试的次数还多——因为她要事先确定，她的老板或上司是否很严厉。

当然，就这些情况来看，塔尼娅从未想过去适应一个严厉的主管，她变得越来越担心受到他人的谴责。每走上一个新的岗位时，批评的敏感性也会始终伴随着她。她会尽量避免被人奚落，然而她总会无中生有，本来根本不可能存在的情况，她都会想象出这种可能。此外，即使是一些积极的建议，她的反应也很糟糕，她的上司经常害怕会伤害她的感情，总是过分检讨自己的言行举止，有时还会避免跟她碰面，因为她会让他们产生一种约束感。

塔尼娅来找我接受心理治疗，因为她已经换了很多工作了，实在不知道该去哪儿找工作了，她甚至还在纽约的大型服装行业工作过。她已经辞了很多工作，那些老板也欣然接受她的离开，现在她已经没有什么可选择的工作了。她是一个优秀的模型工，她热爱她的工作，而且这份工作的收入也很体面。但对她来说，这种职业生涯似乎已经走到尽头了。

你可能已经猜到了，我是先通过 ABC 理论来治疗塔尼娅那种病态的工作心态以及那种强迫性的去寻找不严厉的管理者的心理。首先，她不喜欢批评，这是很正常的，这种心理也很合理，正如她所说的，"我不喜欢人们批评我，不喜欢他们来告诉我应该怎么做，我已经工作这么多年了，作为一名模型工，我完全符合资格。我希望管理者能够让我专心地做我的本职工作，如果他们对我有任何反对意见或建议而需要我做出改变的话，我希望他们能以一种文明的方式提出来。我不介意他们给我提出建议或告诉我如何完善我的工作，但是，如果他们用一种严厉、刻薄的方式告诉我，我不是一个合格的模型工，我还是最好回去做以前的缝纫机工作为好，我一定会介意的"。如果塔尼娅一直是这种态度，当别人批评她时，她只会感到难过和沮丧，但是不会遇到现在这种工作上的窘境。

然而，与此同时，塔尼娅还抱有这样一种强烈的非理性信念，"我绝对不能受到他人的批评或谴责。如果他们批评我，那就意味着，管理者在质疑我的能力，他们认为我不是一个合格的模型工，而且会认为我这个人也很差劲。这真是一件令人耻辱的事情，尤其是其中一些管理者比我还年轻，他们对制模工作也知之甚少。我不能忍受他们这样看不起我，我不能任由他们摆布，他们应该为此受到惩罚。如果我不能尽快摆脱他们不公平的控诉，那我一定就是一个软弱无能的人。我会告诉他们，我绝对不会任由他们这样羞辱我！我不干了！"塔尼娅没有任何事实证据来支持这些非理性信念，也正是这些非理性信念伤害和激怒了她。

塔尼娅明显意识到了这些非理性信念，她积极地去辩论这些信念。当管理者再次谴责她时，她感到自己不是那么敏感了，她待在工作岗位上的时间也比以前长了一两倍。但她总会遇到管理者心情不好的时候，他们会把气撒在她身上，这时候，她就又会产生那种非理性信念，出于报复心理，她会辞掉工作或坚持调至另一个部门。

我觉得我最好对塔尼娅提出一些严厉的要求，我首先让她同意，不管受到怎样严厉的批评，在处理好自己的伤害和愤怒之前，不要辞掉任何一份工作。当受到他人"不公平"的批评后，利用理性情绪行为疗法去辩论这些非理性信念，并使自己平静下来，随后她会因此产生一种健康的沮丧和遗憾心理，但不会因此感到受伤、自我贬抑或生气。这时，她可以选择辞去工作——如果她仍然愿意这样做的话。否则的话，她必须同意留下来，继续接受这些批评，直到她能控制自己的伤害和愤怒心理为止。

塔尼娅很快就掌握了这种方法。但因为她在工作时耗费了过多的时间，公司不得不再另外聘请了一名模型工，而公司却认为本来这是不必要，于是她的上司开始为此而责骂她（那个上司曾经也是一个模型工）。塔尼娅的上司说她太迟钝，并称20年来从来没见过比她还要迟钝的人。

如果塔尼娅跟不上她的工作步伐，公司不仅会解雇她，还会告诉她未来的工作主管塔尼娅是一个多么迟钝的人。

听到这样的批评，塔尼娅彻底崩溃了，她变得异常焦虑和抑郁，工作进度比以前更慢了。按照以前，她肯定会马上辞职不干了，但一想起我们之间定下的规则，她就开始对这些非理性信念进行辩论。

她是这样辩论的，玛丽亚（她的上司）在拿20年前的模型制造标准来衡量她现在的工作的，这是不公平的。玛丽亚并没有考虑到，如今的模型制造要比过去复杂得多，因此，也要花费更多的时间。塔尼娅对玛丽亚这种不公平的行为进行了辩论，很快就得出了这样一种结论："假设大家都认为她这样对我是不公平的，谁说她就必须要公平地对我呢？实际上，她显然就有这种不公平待人的倾向，这我早就知道了。她就是这样一个人，随她去吧！我不必像她那样苛求我自己，我不会因为太在意她的不公正对待而使自己沮丧不已。我能够正确地处理她这种不公平的待遇。她想怎么不公就怎么不公好了，而我会正确地看待这种情况，我不会被她击垮的。"

通过这种辩论，塔尼娅妥善地应对了玛丽亚的情绪化，并没有被吓倒。这真是很难得！由于实在受不了玛丽亚的非难，塔尼娅也曾想过要冷静下来再找一份工作。即使现在她已经不再会因这样的事情而受到伤害或感到愤怒了，她还是故意继续干着这份工作，只是为了看看她能坚持多久，她是否还会再次狂躁不安。

接下来的几个星期了，塔尼娅继续待在那儿，承受着玛丽亚更大的责难，然而玛丽亚却开始不安了，因为她发现她再也不能左右塔尼娅的情绪了，因而她变本加厉地刁难塔尼娅，但都不了了之。

当玛丽亚不断刁难塔尼娅时，塔尼娅则不断地对那种非理性信念进行辩论，继续待在自己的工作岗位上。现在塔尼娅清楚地意识到自己已经能够控制自己的焦虑和愤怒心理了。在这种恶劣的环境中，虽然玛丽亚百般刁难她，塔尼娅却戏剧化地锻炼了自己控制情绪的能力。最终，塔尼娅还是被玛丽亚辞退了，因为玛丽亚忍受不了塔尼娅现在变得如此镇静，而塔尼娅也无比坦然地接受了。此后，当遇到管理者的批评时，塔尼娅再也不会过于敏感而使自己受到伤害了，她也很少因绝望和狂怒而离职了。

借鉴塔尼娅的例子，你也可以将自己置于一种极其艰难的情境中，比如和你认为处事不公、爱发牢骚的老板、爱人、配偶的父母、朋友及其他人待在一起。这些情境会对你产生影响，很容易使你感到愤怒，但你要努力去改变这种倾向，去适应这些情境而不是远离它们，直到你不再感到不安。在决定远离他们之前，看看适应这种情境是否会给你带来更多的好处。对于他们的不良行为，你的过激反应越少，那么你就越不容易被不安的情绪所左右。

How to
Control Your Anxiety
Before It
Controls You

第22章

激 励 法

当人们表现好时就会受到奖励，表现不好时就会受到惩罚，这种方法在几百年前就已经开始使用了。现在，家长、教师、哲学家、宗教领袖和其他人类行为塑造者也经常会用到这种方法，而且这种方法往往行之有效。科学家还用这种方法来测试动物的条件反应，伊万·巴甫洛夫（Ivan Pavlov）就是其中之一。在他的带领下，其他一些科学家也开始使用这种方法来鼓励良好的行为、打击不受欢迎的行为。

在鼓励儿童和成人按照他们的最佳利益行事时，操作性条件反射也是其中的一个重要因素。20世纪二三十年代，斯金纳（B. F. Skinner）做了许多心理实验来证明这一点。通过这些试验，他告诉我们，当人们完成某些任务后，如果我们用一些他们喜欢的东西来奖励他们并激励这种心理，与没有任何奖励相比，他们将更有可能去执行这些任务。这种激励作用会为他们完成某些任务（如解决问题或做家庭作业）奠定一定的基础。受到的奖励越多，激励作用越强，他们就越容易去重复这些活动，反之亦然。斯金纳表明，这是人类和动物的天性，我们可以用这种方法来鼓励人们去做一些有益的事情，并避免他们去从事那些无益的追求。

继巴甫洛夫、斯金纳以及其他一些行为科学家之后，人们开始将激励原则用于行为疗法中，以帮助客户克服他们的焦虑感和焦虑行为，并用一种健康的情绪和行为来代替这种不健康的焦虑感。人们用了成百上千种可控实验来证明这种激励技术的有效性。因此，在理性情绪行为疗法的治疗中，这种技术通常会和一些其他思想、情绪和行为疗法结合起来，以帮助人们控制他们的焦虑感。

能力表演焦虑症案例

西奥多是一名 40 多岁的律师，他一生曾被多种表演焦虑症所困扰。在测验、面试和法庭上为客户辩护以及体育运动中，他都能表现良好。不过，在做这些事情时，他经常会产生一种严重的焦虑情绪——他不是因为害怕自己会输得很惨，而是担心自己的成就不够好，会失去他在旁观者心中的地位。所以，虽然他的表现远远高于平均水平，一旦测验日期确定下来，他就开始担心自己会表现得很平庸，这是一种"可耻的"平庸。当测验日期渐渐逼近时，他会越来越担心。测验结束后，即使他发挥得相当不错，他还是会担心朋友和同事认为他表现得不够好，认为他只能达到平均水平。这对他来说就是一种鄙视。他的好朋友从来就没有因为他表现"平庸"而诋毁过他。但他认为，他们只是出于礼貌而已，实际上他们心里一直都是这么想的。

由于具备法律方面的知识，我一谈到理性情绪行为疗法中的 ABC 理论，西奥多就立刻明白了。西奥多尤其善于发现自己因焦虑而产生的非理性信念，这对他来说很容易，因为几乎所有非理性信念都源于那几个简单的问题，他一生都被这些简单的问题困扰着。基本上，每当重要的表现机会到来时（即使他几个月前就曾为此做好了规划），他还是会强烈地认为:"我必须通过自己的表现向所有人证明,我是一个称职的人,我是一个有价值的人!有些人认为,只要他们善待他人或严格遵循道德规则就行了。但我认为这种想法很愚蠢,因为任何人都可以做到这一点,这是一种普遍的善行,多么愚蠢!要想成为一个有价值的人,我们就必须具备生存能力,并能够高效率地完成任务。达尔文是正确的,我们处于一种优胜劣汰的环境中。要想在这种环境中生存,你必须能有效地解决重要的生活问题——你必须具备这种能力。因此,为了成为一个有价值的人,我必须要具备参加各种测试的能力。失败即意味着我表现不好,不能出人头地,我就是一个不折不扣的笨蛋,一个无可救药的人。所以,虽然不是事事都要尽善尽美(这明显是不可能的),但我必须要能达到熟练程度,而且测试成绩要比其他人都优秀。我不是在讲什么歪理。我必须要在重要的场合表现良好,否则我将无法向他人证明我具备成功的能力,我将无法生存在现在的环境中,抑或我只能过上一种凄惨的生活。毫无疑问,在一些至关重要的工作中,你的能力即意味着你的价值,其他都是自欺欺人的想法——大多数人都会这样想。而我不然,我会接受适者生存的挑战,我会不惜一切代价在重要任务中做出良好的表现。我必须要做到,这是一定的。"

正如我们之前曾提到的,西奥多还会遇到许多类似的问题,他的目标只有一个,就是要有优秀的表现。因此,他总是会焦虑不已。在第一次理性情绪行为疗法治疗期间,他就对自己的这种心理有了一些认识。后来,他又接受了几次治疗,填写过几次理性情绪行为疗法自助式表格后,他就有了一种更明晰的认识。然而,意识到这一点并不能减轻他的焦虑感。当新的考验到来时,尤其是与他的法庭表现有关的考验,他仍然会产生一种过度焦虑感,这并不是一种单纯的担心自己会表现不好的心理。

他并没有减轻自己的焦虑感,这种焦虑心理一直困扰着他。一遇到法律案件,西奥多就会产生一种退缩心理,因为这意味着他不仅要与辩方律师协商和解,还要在法官和陪审团面前进行审判。一旦他犯错了,大家都会看到。比起仅在一两个辩方律师面前协商谈判来说，他们更加"可怕"。如果他认为这个案子很可能会进入审判阶段，他就会拒绝接手这个案件，并把它移交给律师事务所的其他同事来处理。

在西奥多克服自己的表演焦虑症期间，我强烈要求他去接手所有可能会需要通过诉讼解决的案件。在此期间，他将不得不去面对那些会导致严重焦虑的问题，而且不能予以回避。在被迫面对这些案件时，他会意识到自己会产生一些非理性信念，我会鼓励他来应对这些观点。比起逃避来说，在克服自己的焦虑感方面，这种方法会使他取得更大的进展。换句话说，我强烈建议他通过这种现实脱敏法来克服这种法庭表演焦虑感。

当获知我的这种焦虑攻击计划后，西奥多更加担忧了，极不情愿地接受了这个计划。但是，因为他成功地逃避了几乎所有需要提起诉讼的案件，这个计划并没有起到应有的作用。于是，我又采用了 B. F. 斯金纳的操作性条件反射方法。我们确定无疑的是，西奥多擅长庭外谈判，而且他很喜欢这种形式的工作。其他律师在案件协商时，可能会用 10 000 美元的赔偿达成和解，而西奥多则会让对方支付两到三倍的和解费用。他知道自己这方面做得很好，受此鼓励，他会逐渐尝试接手更多的庭外案件。事务所也知道他很擅长处理这种案件，所以会把更多可通过庭外和解的案件交给他来处理。

为了确保西奥多能接手更多的诉讼案件，我们为他制定了一种一对一的规则，接下来的几个月内，他都要遵守这种规则。每当他处理完一个庭外和解案件之后，接下来他就必须要接手一个很可能要通过法庭审判来和解的案件。按照这种方法，他一定会处理一些诉讼案件，他会因此产生一种焦虑心理，并会想办法通过理性情绪行为疗法对其进行辩论。只有当他处理完这个容易产生焦虑心理的案件后，他才能接手另外一个庭外和解案件。

虽然起初会感到不安，但西奥多还是同意这样做了。处理完一个庭外案件后，他会强迫自己去处理一个庭内诉讼案件。起初，他感到很焦虑，有时还会恐慌，但这样坚持下去后，他发现自己的焦虑感减轻了，他更善于处理诉讼案件了；而在以前，他则会尽量躲避这种案件。当因处理诉讼案件而感到焦虑时，他会利用理性情绪行为疗法中的几种方法来控制自己的焦虑感，很快，他就会放松下来，也逐渐善于处理这种案件了。对西奥多来说，通过利用这种操作性条件反射方法，他能够面对那种容易引发焦虑的诉讼案件，这种方法效果很明显。如果我们没有通过允许他处理庭外案件这种奖励来鼓励他，他可能仍然会躲避处理诉讼案件，这对克服他的焦虑感来说收效甚微。

同样，当你因任何测验、面试、体育运动、公开演讲的表现或任何其他形式的活动而感到焦虑时，你也可以为自己制订一种计划来阻止自己去躲避这种活动，从而暂时克服你的焦虑感。如果你一直躲避这种活动，你的焦虑感还会伴你左右，而且可能还会加剧。所以，为自己制订一个计划，使自己去面对那些可能会让你恐慌的情形。然后，强迫自己尽可能多地去体验这种情形，同时要辩论因焦虑而产生的非理性信念。如果遇到困难，你可以利用突变管理或操作性条件反射原理。在完成一些你竭尽全力去躲避的容易引发焦虑感的任务后，允许自己做一些轻松、愉快的任务。不要退缩，不要放弃，坚持下去，直到你养成一种习惯，也许没有任何奖励或激励，你也能够去完成那些让你感到害怕的任务，并对那种不合理的恐惧进行辩论。在短期来看，你可能会遇到困难，甚至你的焦虑感也会有增无减。但是，从长远来看，你会真正释放自己，而且还会将自己的焦虑感降至最低水平。

How to
Control Your Anxiety
Before It
Controls You

第23章

惩 罚 法

据斯金纳所言，如果你给予人们奖励或激励，他们将会完成困难的事情。但是，如果是威胁或惩罚，则起不到同样的作用。这是因为他们会认为你很不公正，并产生一种反抗心理，有时还故意跟你作对。因此，如果你告诉儿童或青少年不得进入某个房间，否则你将严惩他们，他们有时会故意违抗你的命令，走进那个房间。他们会忽略你的惩罚，而把这件事当作一种挑战。

斯金纳的说法可能是对的，但其中也有不对的地方。如果你沉迷于某种自我挫败的行为（如吸烟），激励技术对你可能不管用，也不会使你克服这种癖好。你能从这种癖好中获得极大的乐趣，所以再多的奖励也不会阻止你这么做。例如，你可能很喜欢看某个电视节目，但是，在戒烟时，你"允许自己看这个电视节目"的这种奖励是不够的，你可能还会抽烟。对于吸烟成瘾者来说，吸烟的乐趣远比看电视节目的乐趣要多得多。因此，看电视节目并不能作为一种有效的奖励方式。

相反，当你旧病重犯时，给予自己严厉的惩罚，这种方法可能会有助于你放弃这种癖好。因此，每当你再次抽烟时，把烟头放在嘴中，然后作为一种惩罚——用一张50美元的钞票将烟点上，你也许很快就会放弃吸烟！或者，如果你因吸烟得了肺气肿，并意识到自己很可能会因此患上肺癌，你也许很快就会将烟戒掉。

基于这一原因，理性情绪行为疗法有时会鼓励你采用严厉的惩罚方式来帮助自己克服一些严重的焦虑感或其他干扰情绪。如果激励方法同样也管用，那是最好的。但是，如果你尝试过激励方法，最终却以失败告终，最明智的方法就是要采用这种惩罚方法。

例如，通过先处理诉讼案件，然后允许自己处理庭外案件作为激励，西奥多大大改善了自己的焦虑感。但是，在遇到特殊情况时，这种方法就不管用了。有一次，他参与处理一个诉讼案件，辩方律师很无情，他总会难为对方，而且通常会不择手段地打赢官司。因此，西奥多不愿跟他正面交锋。遇到这种情况时，他往往会采取逃避的态度，把案件移交给同事处理——虽然他也很讨厌自己的这种行为。那种一贯的激励系统（允许自己处理庭外案件）对他不起作用了。所以，在治疗期间，他和我就此事进行了讨论，他决定，如果他不去尝试这种诉讼案件，他将要送给对方1 000美元作为对自己的惩罚。他甚至还给那个他痛恨的人写了一封信，放了1 000美元的现金在里边，并在信封上写上他们公司的地址。如果在诉讼案件中遇到那个可怕的对手，他逃避了，他就会把那封信寄出去。

惩罚方法起作用了。西奥多没能将那封信寄出去，而且他确实接手了诉讼案件，由于辩方律师的不公平手段，他败诉了。尽管如此，他并没有感到焦虑或抑郁。他为自己制定的那种潜在的惩罚伤害性太大了，如果他没有接手那个案件，他就会受到严重的惩罚，而实际上他做到了，虽然他很讨厌这么做。

可能对你来说，这种惩罚方法只是偶尔适用，你只会在极端情况下用到这种方法，但你也可以尝试一下。当你因为要做某件事情而极度焦虑，而你非常肯定，这样做是正确的，而且最终还会减轻你的焦虑感时，首先来检查一下阻止你这么做的非理性信念，例如，你可能会告诉自己，"如果我这么做（告诉我的伙伴，我知道他在一个重要问题上对我撒谎了），我会非常担忧，我不能忍受这种焦虑感"。积极地辩论这种非理性信念，然后，强迫自己去做这种极度担忧的事情。如果遇到麻烦，你可以在做完这件事之后，让自己去做一件愉快的事来鼓励自己。或者，如果还不管用的话，就给自己一个严重的惩罚，如果你没有去做那件容易引发焦虑的事情，一定要严厉惩罚自己。你可能暂时会感觉比以往更加焦虑。但是，从长远来看，你可能会逐渐减少这种焦虑感。试着强迫自己去做，相信你会看到不错的效果。

How to
Control Your Anxiety
Before It
Controls You

第24章

固定角色扮演

乔治·凯利（George Kelly）是认知行为疗法的先驱人物，但在控制焦虑感方面，他似乎从未要求人们对非理性信念进行辩论。相反，他鼓励人们反对这些观点，他尤其推崇这种固定角色扮演的方法。

因尝试寻找更好的工作而产生的焦虑感案例

例如，我们可以假设你害怕去寻找好工作，因为你很确信自己面试时会遇到难题。你有学历、有经验、有能力，完全有资格去找一份更好的工作，但是你知道自己必须要经历几次面试，而过去的经验告诉你，你的面试表现不是很好。所以，你会待在目前的低层工作岗位上，或者你只会去选择那些没有什么挑战性的工作，因为那种工作的面试通常不会很难。当然，你知道自己在这方面存在缺陷，而且还会因此感到焦虑，你从未尝试过能够拓展自己能力的工作，你会因这种懦弱的行为而贬低自己。

像往常一样，你会利用理性情绪行为疗法中的 ABC 理论分析自己的非理性信念:"面试是我的软肋,我绝对必须做得更好。其他人都不会像我一样焦虑不安,所以他们能够得到几乎任何他们想要的工作。焦虑是一种可怕的缺点,只要这种焦虑心理存在,我的职业生涯永远也不会美好。这种缺点会让我感觉自己完全就是一个无能的人。如果不会产生这种焦虑心理,我就能很好地应对这一切,所以我会因此痛恨自己。我真是一个废物!如果我在那些面试官面前浑身发抖、战战兢兢,而且还回答错了,他们会产生怎样的想法呢?完全就是一个白痴!他们说对了,这真是一个糟糕至极的缺点!看到我只能从事现在的工作,永远也不会有所提升,业内人士会鄙视我,我的朋友也会看不起我。我的家人了解我在这方面的缺陷,因为他们知道我有学历,也有工作经验,但是在事业上却一直没有任何提高。我真是无药可救,人们很容易就能看到我的缺陷,我将永远这么一事无成下去!"

利用理性情绪行为疗法,你可以对这些非理性信念进行辩论,并提出一些合理的反对意见。你意识到焦虑是你的软肋,但这并不是最糟糕的事情。你还要求自己在面试时保持冷静、不要焦虑不安,但这种要求反而会让你更加焦虑。你认识到焦虑是一种消极的心理,尤其是在面试时,你只是在这方面有点欠缺,而不是一个完全无能的人。面试官可能不会因为你的焦虑感而鄙视你,其中一些人甚至根本就没有注意到你是多么害怕。那些看到你焦虑不安的人可能没有想过要聘用你,但这并不意味着他们会认为你是一个废物。你会意识到因焦虑而痛恨自己是不对的;你应该痛恨自己的焦虑感,而不是自己,并应尽力纠正自己的这种缺点。如果你极其痛恨自己,你反而会更加焦虑,你还会"证明"——面试时,你只会失败。你的朋友会看不起你从事这种低水平的工作,但是他们不会因为你的工作不好而集体跟你绝交。你的家人也不喜欢你从事这种低水平的工作,但他们仍然会爱你、接受你。你会遇到一些困难,但是,即使你从来没有征服过这种面试焦虑症,仍然不能说你就是一个无可救药的人,也不能说你绝对就会一事无成。

辩论非理性信念，你会获益匪浅，你可能会感觉良好，并决定去克服自己的焦虑感。所以，你可以尝试一下凯利的固定角色扮演技术。坐下来，拿出一张纸，简单为自己打个草稿，可能你草稿中会写到很多与你实际遇到焦虑时的态度和情绪完全相反的内容。这是一种乐观的内容，你可能会这么写：

> 我并不是很担心面试，因此，我会继续寻找一份比现在更好的工作。我知道我是怎样的一个人，我工作经验很丰富，我相信，我可以向面试官证明这一点。当我认为自己没有回答好他们的问题时，我会停下来思考一番，并再次尝试给他们一个更好的回答。我会从容面对自己的焦虑，并坚持下去。每个人都会在面试中产生或多或少的焦虑感，我想我也不例外，所以因焦虑而贬低自己是没有用的，我会尽量避免这么做。如果面试官不喜欢我，我不会认为他们是在鄙视我，而是觉得我并不是他们的最佳人选。如果我面试失败，我的朋友和家人还会接受我这个人，尽管我会失败，他们并不会因此鄙视我。大多数人都会在面试中失败，因为可能有20个人申请了这份工作，而面试官只需要聘用一个人。所以尽管我会失败，我仍将继续努力。我敢肯定，终有一天，我会找到我想要的那种工作，并不断进步。

写下类似这种乐观而又有益的总结，每天看几遍。把这些想法牢牢记在脑海中。即使你暂时可能还会感到焦虑，你会看到自己的焦虑感减轻了，而且还能成功通过面试。你能处理一些困难的问题和情形，而且还能予以很好的反馈。一段时间后，比如说一星期、一个月或几个月，你会发现你写下的草稿真的很符合自己的现状了。尽可能按照这种方式开展，就像你按照剧本扮演里边的角色一样。你还可以不时做出修改，写下自己希望发生的事情，并完全按照你所写的执行。一段时间后，你往往会看到，你在实际生活中真的就具备了固定角色扮演草稿中所写的一些特征。

萨拉考了两次注册会计师，都未能通过，所以她在应聘高级会计师这一职位时会产生了一种焦虑感。她应聘的大多数会计职位都会要求应聘者持有注册会计师证，或至少通过其中三个科目的考试，而且能成功通过剩下科目的考试。萨拉完全不符合这些标准，她知道她很有可能会被拒绝。因此，她产生了这样一种非理性信念：因为自己参加了两次考试，而两次考试中没有一个科目合格，面试官会认为她很愚蠢。在对这种非理性信念进行辩论后，她的焦虑感减轻了。然后，她给自己写了一个固定角色扮演草稿，她希望自己能心平气和、沉着应对，她能很好地处理注册会计师考试失败这一问题。她将这种固定角色扮演用于三次面试中，只有第一次面试失败了，通过坚持这种练习，第二次和第三次面试都成功了，而第三次面试可谓是她所面试工作中最好的一个了。

所以，当你因任何形式的表现而焦虑时，你的焦虑感都会严重干扰你的表现。找到使你感到焦虑的非理性信念，不断提出质疑和反对，直到你意识到这种非理性信念的错误之处，然后尝试利用固定角色扮演的方法去克服它。当然，这种方法可能也有不管用的时候。但是，至少你可能会成为一个出色的演员！

第25章

生物学和药物治疗

　　除了一些特殊的情况外，通常治疗会使用药物去医治几乎所有精神疾病，但认知行为疗法以及其他一些疗法对这种方法提出了异议。普遍认为几乎所有焦虑症和其他情绪问题都是后天习得的，或是受条件制约的，理性情绪行为疗法并非如此！尽管理性情绪行为疗法推崇建构主义，认为大部分不安情绪都是人类自己造成的，因此，人们还可以通过自己的努力来重建一些认知、情绪和行为，这种疗法还认为人类生性如此。没错，人类的大多数异常的想法、认知和行为都是后天习得的。但是，不要忘了，人类天生还具备一种易受影响、可被教导、易受支配的特性。

　　实际上，理性情绪行为疗法是基于这样一种认知：可能人类从出生到年老，在面对生存问题或危险时，都会积极去面对，否则他们将难以生存。但是，人类也会产生一种不健康的或自我挫败的行为，比如，面对困难和问题时反应过度或反应不足。他们生而具有一种自我保护的意识，有时也会做出一些不利于自身发展的错误决定。他们经常会过于神经质，或自我挫败，有时还容易陷入一种严重不安的情绪中，如严重的人格障碍和精神异常。然而，幸运的是，大多数情况下人类都能积极地自救，否则他们就很难活下去。当他们妨害了自身及周围人的生活时，他们完全有能力认识到自己那种异常的想法、感觉和行为，然后努力做出改善。这些都是人类天性使然，而且他们也能学会一些控制方法，比如通过阅读，并按照书中的指示去执行。

焦虑是在多种生理和社会因素作用下产生的，因而也可以运用多种物质和精神方法来治疗。近来，科学家们对大脑、中枢神经和生物反应机能做出了大量研究，他们发现了许多影响焦虑症的生理因素：如当你感觉到有危险或有困难时，大脑就会迅速开始思考。大脑中的杏仁核会向前额皮质发出信号，而前额皮层也会向杏仁核反馈担忧的信息。这样，你身体中的许多机能就会参与到各种生物反应网中。

各种生理机能开始运作起来，有的使你产生兴奋，有的使你冷静下来，以便你处理感知到的问题，其中包括血清素分泌、尾状核膨胀、扣带回皮层工作过度、内分泌系统兴奋（比如肾上腺素急剧增加）、神经递质分泌、自主神经系统兴奋、呼吸频率加快和许多其他生理反应。每天，我们都会发现许多与一般性警觉和重度焦虑有关的生物反应因素，要是忽视它们就真是太不明智了。正如爱德华·哈洛韦尔（Edward M. Hallowell）所指出的，"担忧似乎遗传了神经系统的脆弱性，生活中的任何事情都可能会触发这种担忧心理"。

人的机体会对人的思想和焦虑感产生深重的影响（反之亦然），这使这一问题变得更加棘手。强烈的情绪会损害你的大脑，甚至还会损害你的免疫系统，这可能会给你造成短暂或长期的机能问题，而这些问题反过来又会恶化你的情绪反应。这种机能障碍也许会不断循环，甚至是无休止地循环下去。

当然也不要把这个问题看得太严重了，否则你就会得出如下结论：焦虑症很容易就会引发癌症，而积极向上的思想很快就会治愈潜在的致命疾病。如果你按照最近几本畅销书的思想，把这种思想－机体联系看得过重的话，你的焦虑感只会有增无减了。

我们假设焦虑感，尤其是恐慌感，很可能是由身体和心理原因造成的，你该如何应对呢？以下这几点非常重要。

首先，即使你的焦虑感在很大程度上与心理因素有关，我们假设这些焦虑感至少部分是由非理性信念引起的。通过找出这些非理性信念并对之进行辩论，你会改变它们，从而缓解你的焦虑感。所以，一定要找出三种你可能存在的主要的必须和强求态度，通过辩论放弃这些态度，但仍要保留健康的期望态度。同时，寻找与这些必须态度有关的其他主要的非理性信念——比如，"糟糕至极""我受不了了"以及"由于你自以为的缺陷而全盘否定自己和他人"。

然后，利用本书中提到的各种思维、感觉和行为疗法对你的非理性信念进行激烈而连续的辩论。坚持几周或几个月，不要贸然下结论，不要因为它们尚未产生效果就认为它们不管用。坚持下去！

如果你按照这种方法执行，没有看到明显效果的话，就要考虑是不是生物反应方面的缘故了。看看你的近亲是否也会受严重焦虑症（或其他情绪问题）的困扰，他们是如何克服焦虑症的，是什么药物（如果有使用的话）帮助他们克服焦虑症的。焦虑敏感度通常与遗传基因有关，所以，你可以针对基因方面可能出现的生物反应异常现象进行研究，以找到更为合适的治疗方法。

如果你认为你的焦虑症极有可能是由身体方面的原因导致，那就去看看医生，告诉他们你的症状和病史。如果发现不是由常规的医学原因造成的，那就去看看精神病医师，特别要找一位擅长精神病药物学，并曾用精神病药物治疗过许多患者的医师。

精神病医师会给你开一些抗焦虑、抗抑郁的药物或其他药物，你要做好尝试的准备。如果使用适合剂量的药物，你可能会改善自己的病情，但也可能不会。每个人的情况是不同的，一些有用的精神病药物可能会暂时帮助你缓解病情，也可能长期都会对你有很大的帮助。你可以辅助用一些药物，可以尝试一下！

即使药物治疗看起来对你有帮助，也不要只依赖于药物。尽管药物会帮助你，但你也可以通过自助方式缓解自己的焦虑症。一些研究表明即使药物治疗在短期内疗效显著，但认知行为疗法在预防焦虑或抑郁复发方面却更为有效。某些药物疗法会非常有益，但如果你因为一种非理性的原因害怕服用药物，那就要竭尽全力去辩论这些与恐惧症相关的非理性信念。理性情绪行为疗法辅以适当的药物，这或许是最好的治疗方法了。然后，在精神病医师的帮助下尝试治疗。

注意：不要擅自用药！尤其是镇静剂，因为它会使你上瘾，还会导致睡眠问题，造成人体机能失调，所以在用药前要先做好咨询。另外，擅自用酒精或其他药物治疗也是极其危险的。

如果自助方法和药物治疗不能极大地缓解你的焦虑症，那一定要去找一位专业的心理医生进行心理治疗。当产生一种严重的焦虑心理时，一定要去寻求适当的帮助。当然，我对此也是有成见的。但是，我还是建议你不要迟疑，尽可能快地去找寻求以下人士的帮助：心理学家、社会福利工作者、顾问或精神病医师。这些人最好是尝试过理性情绪行为疗法或其他形式的认知行为疗法。

How to
Control Your Anxiety
Before It
Controls You

第26章

改变态度

当我在写本书的结尾部分时，凯文·埃弗雷特·菲茨莫里斯把他最近写的一本书——《这完全取决于你的态度！》（*Attitude Is All You Need!*）的副本发送给了我。凯文是一个出类拔萃的律师，他出版过许多有影响力的书籍，这些书籍主要是根据阿尔弗雷德·科尔兹布斯基的通用语义学原则编著的，其中还结合了一些理性情绪行为疗法（REBT）与认知行为疗法（CBT）所描述的亚洲的理念和原则。他是一个独立的思想家，我建议你读一下他的书，尤其是《这完全取决于你的态度！》。这书有利于你控制自己的焦虑感和克服其他情绪问题。凯文尤其擅长分析无条件的自我接纳（USA）与如何通过你的想法、情绪和行为来实现无条件的自我接纳。

在凯文的新书中，他认为人类的焦虑或压力问题表现出了他们的不同态度，这些态度也决定了他们可能会经历的压力大小，你选择怎样的态度，就决定了你很可能会承受多大程度的压力。我接下来会给你讲一下他对不同态度的分析，我会对这些态度进行调整，以帮助你在使用理性情绪行为疗法的过程来最小化你的焦虑感。

根据凯文的分析，当你应对周围环境中的应激物，或在处理那些会触动你的思想、感情和行为的冲突或优柔寡断的想法时，你可以选择用以下五种主要态度来应对。

接纳　接纳是一种没有选择、没有欲望、没有区别、没有比较、没有量度的态度。当你抱有一种接纳的态度时，你会满足于"现状"。你会选择去接纳人们的本来面貌；你会选择去包容这些地方或事物的现实状况。

寻找　寻找是一种有选择的态度。寻找就是在探索，在规划，在主动进取，在解决问题，在集思广益，在寻找选项，在寻找可能性。你会去研究更有效的行为方式。你会对这些方法进行检查，以使这些地方或事情变得更好。

期望　期望是一种希望，想要在两者中选择其中一种的态度。当你抱有这种期望的态度时，你知道你想要什么，或希望会怎么样，但你同时也知道，你会接受什么或会去适应怎样的情形。你希望自己会有不同的表现。你希望许多地方或事物会有所不同。你希望你的生活会变得更好。

应该　应该是一种知道什么是正确，有明确的判断，做出明确的选择，相信你知道什么是最好的态度。和期望不同，期望是更喜欢某一个选择，而不接受另外一个选择，而应该则是一个单一的选择。你认为人们的行为应该有所不同。你认为地方或事物应该有所改变。

务必　务必是一种不接受任何托词，不允许变化，不接受低级，不容忍缺陷的态度。当你抱有这种务必的态度时，你只有一种方式，你只有一种选择，你会全身心地去实现它。你会认为人们必须改变。生活必须得到更多的尊重。

如果你按照凯文建议的方式执行，你会发现这些态度会使你减少那些不健康的压力或焦虑，在很大程度上来说，这些不健康的压力和焦虑会使你无法取得进展或完成目标，而凯文的建议则会使你产生一种健康的压力，使你能够完成自己的目标，或在完成目标的过程中取得进步。凯文认为：接纳使你不再因要做出选择而产生压力感，寻找会让你产生一种极小的压力，期望会使你产生一种轻度压力，应该会使你产生一种中度压力，务必会你产生一种绝对压力。凯文还指出，就苛求而言，接纳不会让你产生任何苛求心理，寻找会让你产生一种最小程度的苛求，期望会让你产生一种轻度苛求，应该会让你产生一种中度苛求，务必则会让你产生一种绝对苛求。

凯文的这种分析很有意义。不过，我不赞成他就接纳、寻找、期望、应该、务必所做的定义，虽然我们在理性情绪行为疗法中也会用到这些定义，我还是感觉它们不够精确。因此，我对这些定义做出了一些调整和改变，并做出了以下分类。我认为这种分类更精确，而且能更好地帮助你解决焦虑问题，并能最小化你的焦虑感。同时，还能最大化你的欲望、选择和目标，以使你获得更多你想要的东西，避免更多你不想要的东西。我对这些态度所做的调整如下：

- 没有欲望
- 没有选择
- 没有目标和目的
- 全然接纳

如果你没有什么欲望，你就不会有任何期望，也不会有任何目标或目的。不管做出哪种选择，你都可以接受，你根本就不在意。

渴望会有更好的环境，但是完全接受现状（顺从），你渴望周围的人与事会有所不同，但你却完全接受现在的他们。你渴望能得到更多，但是如果不能实现自己的愿望，你也能完全接受现在的情形。你渴望自己的生活会更美好，但是如果不能实现自己的愿望，你会欣然接受现在的生活，并享受其中。

渴望和寻找更好的选择、期望和目标　你会对多个选择、欲望和期望进行分析，以寻找一种更好的方式，这种更好的方式会给你带来更多的快乐。你会对生活进行探索，以寻找一种更好的生活方式。你认为生活可能会更美好，所以你会去尝试去找到一种更好的选择、期望和目标。

适中的期望　你会产生一种适中的期望心理，如果可能，你会希望周围的人和事会有所不同，但你仍能享受当前的状况，如可能，你会做出一些改善。你会努力使生活变得更加美好，但你还能从当前的生活中享受到许多乐趣。

强烈的期望　你非常希望会遇到某些人与事，你认为它们才是最适合你的，但你也会接受一些其他的可能。你非常希望会遇到某些人与事，并会试图去寻找或实现这些目标，但如果不能实现这些目标，你仍然会快乐地享受生活。你强烈希望人们的举止会有所不同，事情能发展得更好，如果不能如你所愿，你就会产生反感心理。但是如果人与事不能变得更好，你仍然可以好好过你的生活。

最好应该　你知道什么最理想，什么最适合你，你有一个明确的决定或选择，但是，如果迫不得已的话，你也会接受不太理想的事物。你认为人们最好应该有不同的行为，地方和事物最好应该有所改变。但是，如果人与事不太理想或你不能改变它们，你还是会接受它们。如果你、人们或事物没能如你所愿，你会感到遗憾、失望和沮丧，但你不会因此而产生一种过度焦虑、沮丧或愤怒的情绪。

绝对应该和务必　你要求自己必须做得比现在要好。如果你不尽你所能做到最好，你就会认为自己是一个无能的人或是一个毫无价值的人。你坚持认为其他人必须表现得更好，如果他们不能做出最好的表现，你就会认为他们是无能的人或是毫无价值的人。你认为事物都必须服从你的命令，必须变得更好，当不能按照你的命令发展时，你会认为这种生活很糟糕，不值得为之徒劳。当你的务必和强求得不到满足时，你会产生一种焦虑、抑郁、愤怒、自怜的情绪。

如果你将我的应对态度与凯文·埃弗雷特·菲茨莫里斯的态度分类进行对比，你会发现，就某些方面而言，我的分类更复杂，可能也更精确。首先，他将没有欲望划分在接纳之列。但是我认为，我们必须将没有欲望与有欲望做出一个明确的区分，如果你没有欲望的话，你就无从做出选择，但是如果你有欲望、目标和目的时，如果这些欲望实现不了，你仍然可以接受，而且还会愉快地生活下去。两者有着明显的区别！

第一，人类（以及动物）永远也不可能没有欲望和目的——除非当他们死去，或完全没有意识时。生存即意味着一种有欲望、有目的生活，如若不然，你将命不久矣！因此，无欲无求的人非常罕见。但是，凯文却将没有欲望列在接纳（没有选择，没有欲望）之列。在理性情绪行为疗法的理论和实践中，虽然欲望实现不了时，人们会不乐意，但是接纳意味着一种有欲望、有目标的接纳。因此，我明确提出了这种形式的接纳，作为对凯文的应对态度的补充。也就是从这里开始，我对态度的分类开始与凯文的分类出现明显的不同。

第二，在"期望"这一类别，我添加了适度的期望与强烈的期望。这是因为人类有不同程度，不同等级的欲望和选择。你会对体育运动、工作或社交方面的优秀表现产生一种适度的期望；你也会对这些方面的优秀表现产生一种强烈的期望；或者，你可能会确信你对生活的享受取决于你是否能在这些方面做出优秀的表现。当未能实现这些追求时，你会如何应对，这不仅与你的欲望有关，还与你的欲望强度有关。欲望的强度决定了压力或焦虑的程度。所以，我在我的应对态度列表中添加了欲望强度的分类。

第三，我认为凯文对"应该"这一态度的命名很不合适，因为在英语语言中，应该和务必是两个同义词，往往可以互换，但他的应该和务必很容易被人们混淆。然而，就某些方面而言，"我应该这样做"与"我必须这样做"是两个完全不同的概念，因为，"如果我希望人们接纳我，我最好应该友好地对待他们",这是一种明智的、有条件的应该,而"我必须友好地对待他们",可能意味着"我必须不惜一切代价绝对必须友好地对待他们,否则我就是一个毫无价值的人,我就是一个糟糕的人!"这是一种无条件的、备受争议的务必。所以,我将凯文的"应该"调整为"最好应该"。

第四,我将凯文的"务必"这一态度改为绝对应该和务必的态度。这种分类更加清晰。凯文指出,务必也有一些好的地方,因为"务必是在试图使正确的事情发生。务必使人充满激情并强迫自己去完成这一目标"。是的,如果这是一种有条件的务必,那么这种态度就是有益的,正如,"如果我想获得大学学位,我就必须支付学费,并且通过学科测验"。但是,如果这种务必是绝对的、无条件的,那么这种态度就是不可行的,正如"无论我是否支付学费,是否通过学科测验,我绝对必须获得大学学位。因为我非常希望能获得这样一个学位,所以他们绝对必须授予我大学学位!"所以,我的分类更加精确,可能也更加有用。

你可以利用凯文·埃弗雷特·菲茨莫里斯对这些态度的描述来应对你的压力和焦虑。我曾对凯文的应对态度和我的增补版本进行了仔细的比较,我自然更喜欢我的分类,但是他的分类更加简洁,而且容易记住。因此,我结合这两个版本,总结出了以下五种应对态度,你可以利用这些态度来应对你的焦虑情绪。

接纳 当你确定自己不能改变那些不合希望的情形时,那就接纳它们。不要因为你不能改变某些事情而使自己产生不安的情绪。

寻找 渴望和寻找更好的选择、期望和目标。

期望 希望、需要、选择你喜欢的事物,但同时也应知道你要接受或适应什么。

最好应该 知道什么对你和他人来说是最适合的,并努力去实现这种最适合的情形,但不做出任何强求。

绝对应该和务必 知道对你和他人来说，什么是最适合的，并且绝对要求你和他人做到这一点，环境必须符合你所希望的最好的方式。

根据凯文所言，你会选择一个明确的应对态度，所有这些态度都会有优缺点。就某些方面而言，我同意这个观点，因为即使是务必这一态度也会给你以动力、能量和刺激，你可以有条件地做出选择。因此，如果你希望能实现你的目标，或更好乃至更完美地实现自己的目标，你可以做出一个选择，并说服自己，"如果我希望实现这一目标，那么我就必须这样做，这样我才能达成所愿"。通常情况下，你会如愿以偿的。

然而，理性情绪行为疗法认为前四种应对态度（接纳、寻找、期望、最好应该）都有助于你应对自己的焦虑情绪。真正去接受那些你渴望改变但是又不能（或尚未）改变的事物，这种态度几乎不会使你产生焦虑感，因为不愉快事件仍然存在，你仍然会为此而感到担忧、警惕或警觉。

寻找更好的选择和目标，这种态度几乎不会使你产生焦虑感，因为你可能无法找到更好的目标。不过，你仍然可以享受寻找的过程。

比起某些选择来说，更喜欢另外一些选择，这种态度会使你产生少量的焦虑感，因为你可能会做出"错误的"或"无效的"选择。

最好应该，会知道什么是最好的选择，并试图去实现它，这种态度会使你产生适度的焦虑感，因为你的看法可能会是"错误的"，或者你的选择可能是"正确的"，但这种选择是无法实现的。

如果理性情绪行为疗法是按照这种正确的方式发展的，这四种应对不愉快事件的态度只会造成一种轻微的或适度的焦虑感，你仍然能够很好地适应这种焦虑感，而不会过分紧张或惊慌。因此，你往往会得到更多你想要的东西，避免更多你不想要的东西。

然而，一定要小心"绝对应该和务必"这种应对态度（或者说非应对态度更合适）！但也不能说这种态度是严重焦虑感的唯一来源。人类是一种复杂的生物体，他们也可能会因为其他原因而产生焦虑感，如生物反应不平衡、药物、突然和剧烈的创伤性事件。然而，我则认为这种态度在大多数情况下会导致一种严重而又持久的焦虑、紧张和恐慌情绪，你自觉或不自觉就会强迫自己。

因此，仔细想想（我劝你一定要仔细想想），如果你固执地坚持自己的期望，你会使自己产生一种严重的焦虑感。因为当你强烈地希望会发生某件事情时，或当你强烈地认为自己最好应该拥有某个东西时，这其中一定会有出现例外的情形，正如"我强烈地希望自己能成功，而且我认为我最好应该获得成功。但我不必一定要如此，如果并非我愿，我也不会感到极度悲哀"，"我非常希望你能做出适当、公平的行为，我认为你最好应该如此，但如果你并非如此，我依然可以好好地生活"，"我极其希望自己的生活条件能变得更好，而且我认为最好应该如此，但如果生活环境没有改变，我仍然可以发现很多值得享受的事情"。

很简单，不是吗？是的，但正如我一直强调的，这也并不是一件容易的事情！你往往会把自己的强烈愿望和喜好转化成一种傲慢的务必和强求，这是人类的天性。你天性如此，再加上后天竞争文化的培养，你这种倾向越来越明显。但你没必要非如此不可，你也可以选择不这么做。你可以通过自己的想法来控制这种焦虑感，你完全有能力赋予自己这种权限，充分发挥这种能力吧！

How to
Control Your Anxiety
Before It
Controls You

控制焦虑的至理箴言

How to
Control Your Anxiety
Before It
Controls You

用 104 个箴言控制焦虑思想

现在让我们来总结一下本书的要点。特定的焦虑思想会引发焦虑的情绪和行为，反过来，焦虑的情绪和行为也会对你的思想产生重要的影响。同时，它们也是你的思想中不可分割的一部分，你的思维、行动和感觉是相辅相成的。这就是人类的行为方式。

怎样才能控制你的焦虑感和恐慌感呢？要想对这一问题做出总结还真是一件棘手的事情，因为其中会涉及一些语句，你必须坚定地相信它们，它们会改变你的思想、感情和行动，并使你的这三个方面都会受到影响。这些语句也许会有重复，不过幸运的是，虽然这些语句在用不同的方式讲述同样的事情，但它们也会互相补充，并起到一种强化作用。你可以尝试利用这些语句，相信很快就会看到效果。

在本章中，我想强调的是理性信念的作用，你可以利用这些理性信念来改变你的焦虑思维；在下一章中，我会着重强调一些能改变不安情绪的理性信念；在最后一章中，我将做一个总结，针对那些改变你异常行为的理性信念进行讨论。然而，这些理性信念归纳起来无外乎就是这种因果关系：你的想法（箴言）会控制你的思维、感觉和行为，你的思维和行为反过来还会影响你的想法。真是奇怪，但事实就是如此。你可以试着体会一下这三章中的箴言，相信你很快就会看到效果。

首先，你可以利用哪些箴言来改变那些你难以控制的焦虑思维呢？试试以下这些。

最大限度地减少必须、应该、理应、强求以及因此产生的一些非理性信念

1. 我会找到那种无条件的必须观点，并用一种强烈的期望来取代这种观点，如"我很希望自己能表现好，并能获得他人的认可，但我不是必须这样做，作为一个人，我的价值不依附于任何事情！""我不是绝对必须得到任何我想要的东西"。

2. 我会找到那些过分概括化的观点，并将这些观点改为更具体的观点——"如果我在某些重要的事情上失败了，我不会一直失败下去，我也许还会经常获得成功"。

3. 我会找到那些糟糕至极的观点，并告诉自己——"失去一些我真正想要的东西是一种不好的体验，但并不能说这种体验就是糟糕的或可怕的。很有可能我以后会重新获得这些东西，但即使我永远也不能获得，也只能说明这些东西很容易失去。而地球还将继续转下去！生活还会继续！"

4. 我会找到那些个人化的观点，并告诉自己——"也许我做了一件愚蠢的事情，破坏了我和其他人之间的关系，但也有可能是其他一些原因造成的。如果真的是我的错，要想建立我想要的关系，我能从这次失败中学到什么呢？"

5. 我会找到那些情绪化的推断，并告诉自己——"就因为我觉得自己是个失败者，所以我真的就是一个失败者吗？不是的，我讨厌失败，我只是这一次没能取得成功。但是，这种强烈的感受只能证明我是一个有自己感情的人，而不是一个无可救药的失败者"。

6.我会找到那些从一个极端走向另一个极端的观点,并告诉自己——"在这次活动中获胜并不会使我成为一个光荣、高尚的人,但也并不意味着失败也无所谓。这次活动确实很重要,要是能成功就更好了。但是,失败并不会摧毁我,也不会使我成为一个一无是处的人"。我会找到这样一种行为决定论(什么样的行为就决定了你是什么样的人)——,并告诉自己"未能实现我的目标并不能证明我就是一个失败者。我只是这一次失败了,而且在真正取得成功之前,我可能还会经历更多失败"。

7.如果我不把失败太当回事,并希望(但不需要)最终能获得成功,那么失败就是一种宝贵的财富。

8.难道那些最终成功的人在经历过几次失败的尝试后都放弃了吗?如果在经历过几次失败后,他们不再坚持下去,那么他们现在会怎样呢?

9.我会经常对自己的思维进行归纳、分类,并去思考,思我所思,感我所想。不过,我会尽量不以一种以偏赅全的观点看问题,也不会像 W.奎因所说的类别硬化(hardening of the categories)一样。因此,我会避免得出一种行为决定论的观点,我不会因为人们的某些特征而给他们贴上标签,也会避免去思考"事物都是有自我抉择权的实体"这一问题。

10.我会尽量避免去说:因为我失败了,所以我会永远失败,我是一个失败者;或者,因为我经常失败,所以我永远也不会成功;或者,因为我已经做了坏事,所以我就是一个坏人。

11.我会尽量说服自己去意识到这一点:事情并不是非此即彼,非好即坏,非黑即白;有时往往也会有此有彼,有好有坏,又黑又白,甚至还有灰。我也一样,我有好的地方,也有坏的地方,我兼具黑色、白色和灰色以及其他一些无关紧要的特点。

12.我最好应意识到,从逻辑上来讲,以偏赅全或过度泛化的观点都是不正确的,也是不现实的。这些观点会让我和他人陷入情绪上的困境中。我的想法、感受和行为并不能决定我是怎样的一个人;我会有各种不同的想法、感受和行为，其中有好的，也有坏的。如果一些人喜欢我，并不能说明我就是一个惹人喜爱的人；同样，如果一些人不喜欢我，也不能说明我是一个不讨人喜欢的人。这个世界亦是如此，并不能说就一定是一个好地方或一定是一个不好的地方，它其中有好的地方，也有不好的地方。正如阿尔弗雷德·科尔兹布斯基所说的，你不能说人与事非黑即白，非好即坏。它们也会有多种特征，也会出现不同的情形。如果你以一种以偏赅全的观点给它们贴上标签，那么这种观点就是不正确的。尤其是当我以一种以偏赅全的观点来看待他人和自己的一些不好的特征时，这对我和他人都是极其不公平的。

13. 我会试着用一种没有偏见的实验性观点来看待人与事，并对人与事持一种怀疑态度，而且还要对我和他人得出的最终答案保持一种高度怀疑的态度！

我会不断得出新的证据，这些证据处于一种不断变化的状态。但是，这种"证据"也可能是出于我和他人的意见、愿望和偏见。绝对真理和最终真理也许根本就不存在！

应对关于未来的灾难性观点

1. 当我不断告诉自己，如果不好的事情发生会怎么样，如果人们对我不公平会怎么样，如果我做出一些愚蠢的行为，造成了不好的结果会怎么样，以及诸如此类的一些假设时，按照阿诺德·拉扎勒斯（Arnold Lazarus）建议的方法，我还可以这样告诉自己：如果这些事情发生了会怎么样？我仍然可以将那些焦虑和恐慌情绪转变为一种担忧、遗憾和沮丧的心理。当我这样做时，我会意识到大部分"可怕"的事情是永远也不会发生的。但是，如果其中一些事情发生了，我仍然可以应对、克服、改善它们，或者完全接受它们。要是接受它们的话，我的生活会不太愉快，但不能说是绝对凄惨的。

2. 同样地，当我因发生了一些事情而产生一种灾难性心理时，通过利用想象法，我可以想象：当最糟糕的情况发生时，我仍然可以很好地应对，而且还会产生一定程度的幸福感。如果这种不愉快事件发生时，我无法应对，这种想法只会削弱你的应对能力。

3. 一考虑到这些"可怕的"假设事件，我就想起马克·吐温曾说过的一句至理名言："我的生活中，曾充满可怕的不幸，而那些不幸大部分都是从来没有发生过的。"

4. 我还会想起这样一些人，他们身上发生了一些严重的不愉快事件——麻风病、癌症、失明、耳聋、四肢瘫痪等，但他们仍然过着一种丰富而又幸福的生活。不愉快事件会打垮许多人，因为这些人会听任这些不愉快事件将他们打垮。但并非所有人都是如此！

5. 当我因这些假设事件而困扰不已时，我可以向自己证明，我能够应付最糟糕的情形，但是，通过实践，我证实了这些可怕事件的发生概率，这种几率通常是极小的。

6. 此外，严重的不愉快事件（如企业倒闭和被喜欢的人排斥）发生的几率又如何呢？这些不愉快事件会永远持续下去或无休止地重复吗？如果当这些不愉快事件发生时，我不会不知所措，那么它就不会持续或无休止地重复下去。

7. 没有什么事情是永久的，甚至严重的焦虑感和恐慌感也不会一直持续下去。如果我不会因这些事情产生一种恐惧感，这些焦虑感和恐慌感也会消失的。

8. 那些我不希望发生的事情都是不好的。即使这样，灾难性事件（如战争、地震、饥荒、大屠杀、酷刑）还是会发生的。但是，这种几率微乎其微！我不应该把这些琐碎的麻烦和烦恼视为一种灾难。有一句波斯名言是这样说的:"当我为没有鞋穿而苦恼时,我却发现有人没有脚。"

9. 每当事情没有按照我所希望的方式发展时,我就会感到焦虑或过度担忧,我会因此产生一些非理性信念,其中会包括一种绝对必须、应该、理应、其他强求或保证,很有可能这种强求不会实现。我应该找出这些必须信念,并将这种信念转变为一种期望或愿望。

10. 我会尽我所能享受现在的生活,也会为享受未来的生活做好准备。我可以在很大程度上控制我对未来所发生事情的反应,但我只能在有限的程度上对未来的事情进行控制。我对未来事情的控制欲越强,就越可能会搞砸。

11. 如果这种情况发生时会怎么样呢?当我因这种想法而担忧时,如果这种事情真的发生了,我会想出一些力所能及的事情来应对这种情况。

12. 当我犯了一个错误,或者情况变得很糟糕时,我会告诉自己还会有下一次机会。

13. 当我在现在或未来的某个时刻说"我做不了"时,我可能已经意识到了这件事情的难度,但是我夸大了这种不可能性。"我做不了"这种心理往往会使我难以去完成这件事情。"我可以学着去做"这种心理相对就好得多!

14. 通往地狱的道路上往往会遍布一些武断、绝对的期望,而不是一种可能的期望。固执地希望自己或他人能做出一些"好的"行为只能导致更多的"恐怖事件"。

15. 牢记我的愿望和目标。不要强求这些目标必须实现或一定不要实现。不要出于一种疯狂的愿望去实现这些目标。

能给我极大帮助的理性情绪行为疗法的观点

1. 我的生活以及周围的世界中经常会有不愉快事件的发生,而且我往往很难去控制这些不愉快事件。然而，通常情况下，当我因这些事情而焦虑不安时，正是我的这种态度导致了我的不安心理。

2. 我的生活中以前发生过的不愉快事件很可能会使我产生一种不安心理。不过，我自己确实也会产生这种心理！多年以后，依旧如此，过去的事情还是会使我表现忧虑。

3. 我几乎总能改变我对过去以及现在产生的非理性信念——不仅要通过自己的洞察力，而且还要通过大量的思考、感觉和行动来应对这种非理性信念。是的，需要大量的努力和实践！

4. 如果在意识到什么人和什么事对我造成了干扰的同时，我还能意识到这些人与事是怎么干扰我的，这就是一种健康的心态。这些才是我应该意识到并应努力去改变的事情。

利用成本-效益分析
解析我的行为

1. 我会尽我所能去意识到担忧、警惕和警觉的情绪往往会使我避免自我伤害，而且还会产生一些符合我心意的结果。过度担忧、焦虑和恐慌的情绪往往会伤害我自己，而且还会导致一些令人讨厌的后果。因此，焦虑和恐慌可能会给我带来一些好处，但往往会得不偿失。

2. 当我为我的焦虑而不安，或为我的恐慌而惊慌不已时，这种心理往往也是得不偿失的。

3. 当我因一些可能会发生的不愉快事件而担忧或恐慌时，或担心自己可能会导致这种事情发生时，这种心态并不会改变这些不愉快事件，也不会使事情变得更好。通常情况下，这些消极情绪会干扰我的应对能力，也会让事情变得更糟。

4. 通过改善这些情形，我可以避免自己因糟糕的情形而产生焦虑感或恐慌感。但是，通常情况下，我不能改变这种情形，我的焦虑感和恐慌感往往还会使事情变得更糟。所以，我最终还是应该放弃那种强求：强求这种糟糕的情形绝对不能发生；或者如果这种情形确实发生了，我绝对会受不了那种不舒服的感觉。正如莱因霍尔德·尼布尔（Reinhold Niebuhr）曾说过的，我最好应该勇敢地改变那些我可以改变的事物，平静地接受那些我不能改变的事物，并用智慧去分辨两者的不同。

5. 我还是应该对未来抱有一定程度的担忧心理，并为未来做好准备，但如果我因未来产生一种过度担忧、焦虑或恐慌心理，我将无法享受当前，也无法用一种愉快的心态去感受过去曾享受过的事情和关系。

6. 我还是应该承认，虽然焦虑会给我带来困扰，也可能会导致一些糟糕的后果，但焦虑也有其优点所在，并有相应的回报，它会阻止我向那些糟糕的情况屈服。例如，焦虑可能会阻止我去冒险，也不会让我去承受失败之痛。我可以实事求是地去寻找这些回报，看看它们是否存在，是否值得我去承受为之焦虑的痛苦。

7. 我可能会从焦虑感中获得的一些回报是：①因为我的焦虑不安，人们可能会给予我特殊的关注；②焦虑会在一定程度上保护我，使我免受危险和麻烦之苦；③焦虑会使我警觉，我可能会因此产生一种兴奋感并享受其中；④焦虑是一种自然而然的感觉，我可能会认为，焦虑会使我表现出真正的自己；⑤我可能会因焦虑而同情自己，这种自我同情会使我产生一种良好的感觉；⑥我可能会将自己视为这样的一个受害者：一个被这个残酷的世界和世人所愚弄的受害者。

克服确定性和完美主义的迫切需求

1. 我唯一可以确定的事情就是根本没有什么事情是确定的。但是，如果我付出艰苦卓绝的努力，即使是在这个不确定的世界中，如果我不会因不存在确定性而抱怨不已，我仍然可以得到更多我真正想要的东西，并避免更多我不想要的东西。

2. 不确定性和模糊性有时是一种反作用力。但是，有时也可成为一种挑战和冒险。

3. 我不确定自己会做出什么出色的表现。但我敢肯定，如果我发挥我的创造力，不断尝试，而不去要求什么保证，我会享受到努力所带来的成果。

4. 我现在唯一能保证的就是我终将死亡。但是，也许未来会有一天，科学家们会发明出一种机体成分，这样我和其他人都将永远活在这个世上。虽然不太现实，要是这种事情真的发生了，那会很有趣的。

5. 如果我想确定件事情会进展顺利，或至少会有很大的可能性，这种想法没什么问题。但是，如果我想保证事情能顺利进行，我很有可能会为此而产生一种焦虑心理。

6. 如果我认为某个问题或情况只有一个正确答案，而没有任何其他备选答案或解决方案。如果我执意找到这一种解决方案，我就会别无选择。如果找不到这种解决方案，我很容易会产生焦虑和沮丧情绪。因此，我最好还是应该给自己提供一种开放的选择，并应准备一些备选方案。

7. 我可以相当肯定的是，人们有时也会有做出一些完美的事情——如某段时间内能把拼字或数学做得很完美。但是，大部分时间，我们都会在许多任务中犯错，或达不到完美的水平。因此，我可以尝试做出完美的表现，但绝对不是必须做到完美无缺。

我该如何利用模仿方法

1. 我可以在我认识的人中找出一些模型，或者我还可以向那些能够在困境中进行理性思维的人学习。

2. 我可以从那些克服过真正逆境和障碍、并能过着一种丰富和幸福生活的人中找出一些模型。

3. 我可以效仿那些好的行为和坏的行为，也可以效仿那些有益的行为和无益的行为。我应该选择性地模仿他们，避免让自己变得易受影响或易受欺骗。我可以尝试一下那些我效仿的行为，并检查一下这些行为是否适用于我。

我该如何利用问题解决方法

1. 人生中会出现很多麻烦和困难，这些麻烦和问题不仅给我带来了更多需要解决的问题，也给我带来了更大的挑战！

2. 生活接二连三地会出现一些问题。避免这些问题，或不去面对这些问题，并不会让这些问题消失。通常情况下，这种行为还会带来更多的问题。

3. 在你的心中设定一个目标，并通过自己的努力来实现这个目标，这会使问题更容易解决——甚至会成为一种愉快的体验。

4. 如果我选择一些压力较小的目标，可能就会面对一些不太困难的问题。但是，我同时也会得到一些不太有趣和不太愉快的奖励。

5. 我不必表现出色，或选择一些困难和压力较大的目标。我可以自己去选择是否要挑选这种目标。

6. 这就意味着我要去选择一些我最渴望的目标，并首先关注于实现这些目标。我的选择可能在很大程度上是基于我的那种享受心理，或希望避免目前和未来的痛苦的心理。没有哪些事情是必须按照一定的顺序来完成的。我的愿望在很大程度上决定了这种顺序是什么。

7. 我最好不要让那些不安的情绪干扰我的技能培训。即使当我焦虑或抑郁时，我也依然可以掌握一些技能。而且，致力于发展自己的能力的同时，我往往会使自己从焦虑和抑郁的情绪中摆脱出来。

8. 在头脑中想象如何解决问题和进行技能培训，这往往会有助于我在实践中做得更好，而且还会增强我解决问题的能力。

9. 解决问题和技能培训需要时间和耐心。当我拖延或过早放弃时，我的挫折忍耐力会降低，我会感觉事情似乎更难处理，就根本无法应对这些事情了。

10. 当尝试去解决问题时，我会先做一些调查研究，以获取充足的信息，试着去发现别人是怎么解决这个问题的，如果可行的话，我会寻求适当的帮助，并尝试去解决这个问题，因为这是一个有趣且有价值的问题，我不会通过解决这个问题来"证明"我就是一个伟大的人。

11. 我对自己、他人以及世界环境产生的观点只是一种意见和假设，不一定就是一种事实和真理。当这些意见和假设是一种容易引起焦虑的非理性信念时，我最好应该提出质疑来证实它们是正确的。我不应该认为这些观点就是板上钉钉的事实！

12. 所有事情并不是以我为焦点的。有些人与事可能与我相关，但并不一定是可由我操控的。不管我会有怎样的愿望，也不管我做出怎样的选择，人和事都会按部就班地发展下去。我可能不喜欢这种方式，但我还是应该接受它。

13. 为了摆脱这种情形，我应该去寻找一种备选方案，并对这种备选方案进行验证、审查和修改，花费更多的精力去思考这种备选方案。坚持下去！但不必说一定要得出一种正确的或完美的答案。

对自己和他人抱有
信心、希望、决心和关怀

1. 如果我对自己应付不愉快事件的能力抱有信心和希望，这种心理往往会使事情发展得更好，当事情出错时，我也不会太过焦虑。通过这种谨慎（而不是严重的焦虑）心理，我也会防止自己犯错。

2. 如果我对自己控制和改变焦虑感的能力有信心，我会做出必要的努力去改变这种焦虑感。我会放弃那种不切实际的夸大需求，用一种期望观点来取代它，因此，我极有可能会减少或消除我的焦虑感。

3. 如果我相信其他人会帮助我，或相信上天的眷顾，或相信有一些超自然的力量会帮助我，我可以暂时缓解我的焦虑感。但是，我不能完全依靠这些东西，我还是应该相信自己有能力去减少或消除自己的焦虑感。如果我完全依靠他人或外界的力量，而这些人并没有给我任何帮助时，我的幻想就会破灭，我的焦虑感只会有增无减。

4. 我还是应该对自己的生活设定一些目标和宗旨，并充满激情地去实现这些目标。这样，我就会去建立一些关系，去完成一些项目，还会去做一些与切身利益相关的事情，这些事情会分散我的焦虑感，还会给我带来一种持久的享受。这样的话，即使我仍有焦虑感，但我还可以生活得更好。这些切身利益要比焦虑感更加引人关注，我的生活会因此变得更加有意义。当意识到自己有一种强烈的目标和宗旨时，我会努力去实现这些目标，而不会因生活中的困难而担忧不已。

5. 我会尝试去发现那些我真正想做的事情，并投身于这些事情中，我不会去揣测他人所需来取悦他们。通过集中注意力去做这些事情，并解决其中所涉及的一些问题，我会紧随事情的发展，投入其中，而不会因太过投入而迷失方向。如果我是出于一种享受的心理来做这些事情，我就不用去担心自己是不是会表现好。

6. 我会尝试在某些项目或事业中实现一个长期的、至关重要的或有趣的利益目标，因为我真的非常在意这一目标，并希望为之做出贡献，所以我就不会太过担心于那些我很容易会担心的事情。我会密切关注于那些与我的这一目标有关的人与事的发展，以及那些对我的生活有重大影响的事物的进展。

7. 正如约翰·鲍比（John Bowlby）所说的，和大多数人一样，我生而具有一种与我的父母、兄弟姐妹和他人亲近的特殊倾向，我会去爱每个人，甚至所有人。如果利用这种与生俱来的倾向，我会与某个人、几个人或一群人建立密切的关系，有时会建立一种长期的关系。我可以将我的关注点放在去爱的那些人身上，这种事情会占据我的大部分时间，我会有一种强烈的目的性，从而避免自己为琐事而担忧。但我不会坚持认为我对那些人的爱必须得到回报。要是能得到回报的话最好，但是我对他们的贡献是单方面的，我很享受这种事情。

8. 我最好不要抱有一种盲目乐观的理念，不要去绝对确信一切事情都会朝最好的方向发展，也不要认为生活绝对就会充满令你欣喜若狂的事情。这种不切实际的观点只会暂时缓解我的焦虑感，但是，当事情变得糟糕时，这种观点就会导致一种恐慌和抑郁情绪。

我该如何重构逆境

1. 我不应该用一种糟糕至极的眼光去看待不愉快事件。不愉快事件也有其优势和好处所在。这种事情往往并不像看起来那么糟糕。我会通过事实来验证这种事件的优劣处，尤其是当我做出过激的反应时。

2. 当他人给我制造麻烦时，我会尽量站在他们的立场上考虑问题。他们看待事物的方式与我不同。也许，他们的看法是正确的！

3. 我会试着站在别人的角度去审视我自己的不愉快事件，尤其是要站在那些与这件事毫不相关的人的角度上看问题。我会试着与那些不愉快事件保持一定的距离，并尽量不去把其中的不愉快想得过于糟糕。

4. 我会时常和那些通情达理又毫无偏见的人一起重新审视发生在自己身上的一些"糟糕"甚至"恐怖"的事情。这会有助于我从另一个角度来认识我的问题。

5.当我强烈反对去做那些对我有益的事情时,我可以假装自己很喜欢这些事情,或热衷于去做这些事情。这种态度可能会减轻我的那种自我挫败的抵抗心理。

6.我会尽最大努力将那些困难的情况或难以应对的人视为一种有趣的挑战,而并非一种"恐怖"的事情。这样,我的生活将更为有趣,而并非一种惶惶不安的生活!

利用意象法
控制我的焦虑感

1.利用积极意象法或积极想象法,我可以想象自己可以做到一些我想做的困难的事情,并在大脑中进行演练。这种行为练习可以提高我完成任务的概率。

2.积极意象法往往会使我产生一种自我效能感,或使我有信心去做那些困难的事情,并将它们做好。

3.利用积极意象法或积极想象法,我可以想象自己能以最少的焦虑感去应对和处理那些困难的情况。

4.像马克辛·莫尔茨比提出的那样,我可以利用消极意象法进行练习,想象自己未能完成某些重要任务或产生了一种极其沮丧和失落的情绪。起初,我会产生一种不健康的情绪,如焦虑、抑郁和愤怒。然后,我会努力去用一种健康的情绪(如悲伤、遗憾和沮丧)来取代这种不健康的情绪,我会用一种理性的期望观点来取代那些非理性的务必观点,当生活中出现不如意的事情时,我就会自然而然产生一种健康的负面情绪。这种意象法被称为理性情绪意象法。

利用分散注意力的方法
打断我的焦虑感

1.因为人很难同时集中注意力去做多件事情,我可以通过多种方式将自己从焦虑的思绪中转移出来。大多数方法只能暂时分散我的注意力，那些令人不安的想法（包括我的必须、强求以及其他非理性信念）很快就会重新占据我的大脑。因此，如果我能发现这些非理性信念，并积极地对之进行辩论，从而使自己对生活中实际或潜在的不愉快事件保持一种理性信念（RB）。另外，通过利用合适的分散注意力的方法，我可以打断那些非理性信念，给自己争取一个喘息的机会，并集中力量去辩论那些非理性信念。当我不再需要利用这种方法或不再需要避免对非理性信念进行辩论时，它已经使我获益匪浅，并为有效的辩论奠定了基础。

2. 我可以尝试利用各种分散注意力的方法，如思维停顿、冥想、瑜伽、呼吸、放松运动、阅读、娱乐等等。我可以从中选出一种或多种适合自己的方法，使我摆脱那种担忧心理。

3. 如果我专注于那些可能会发生在我身上的"不好的"和"可怕的"事情（尤其是专注于"如果这种可怕的事情发生了会怎么样……"与"假设这种可怕的事情发生了……"），我会更加困惑。我往往会告诉自己，"如果这种事情真的发生了……"，我会向自己证明，最糟糕的是这种情况可能会给自己带来极大的不便，但是不能说是具有毁灭性——除非我自己愚蠢地将其定义为一种毁灭性的事件！

4. 我可以利用积极的分散注意力的方法——那些我发自内心很喜欢做的事情，我会利用这些方法来打断我的担忧心理，并去享受这些事情。

5. 我可以通过聆听自己那些烦人的话语来分散注意力，我可以以一种有趣的眼光去看待这种事情，而不要将它看得太重。通过利用这种方法，我会意识到我可以避免让这些想法控制自己。

6. 对我来说，其中最好的一种分散注意力的方法就是要对一件困难的事情产生兴趣，并坚持这种兴趣，直到我能游刃有余地处理这件事情，并能完全享受到其中的乐趣。如果我这样专心致志地去做这件事情时，我会发现自己几乎不会像往常一样产生一种担忧的心理。我真正的担忧（而不是过度担忧）是因要解决我手头上开展的工作以及要提出一种建设性的解决方案而产生的，因为我目前正集中注意力去解决这些问题，所以我往往不会产生一种破坏性的担忧心理。但是，如果我坚持认为，我必须解决手头上的问题或项目，尤其是我必须做得非常好，这种想法会使我焦虑，还会干扰这些有意义的经历。

7. 通过让自己专心从事于一种长期的、重要的、有趣的任务（如建立一个家庭，一个企业，或者一种职业生涯），我不会再因一些琐事而担忧，几个月甚至几年内，我都会集中注意力去做一件事情。那些我经常会担忧的事情现在看上去真的就微不足道了，我没有时间再为这些琐事而担忧。但是，如果我坚持认为，我绝对必须成功完成这个长远的任务或项目，其他人必须赞同我并支持我，而且周围的环境必须能够保证我能取得令人满意的成果，这种想法会使我焦虑，而且还会干扰我完成这些任务。

8. 指定一些特定的、系统化的任务，然后去做这些任务，而不要强求自己必须有完美的表现，这种方法会使我的注意力从那种焦虑的情绪中分散出来，而且这是一种能给人带来快感的方法，其效果很明显。

9. 我可以利用一些愉快的想法、幻想、梦想、未来规划以及其他想法和想象来分散我的注意力，只要我不强求自己一定要取得一些非凡的成果，我就能摆脱那种担忧心理。

10. 通过努力、思考和行动来掌握一些技能、运动、活动、游戏、表演、艺术或项目来分散自己的注意力，只要我不坚持认为自己必须很好地掌握它，只要我不以掌握这种技能作为自己个人价值的体现，我就能摆脱那种担忧心理。

一些我可以利用的备选理性信念

1. 我可以利用积极的或针对性的自我陈述来减轻我的焦虑感，但是这种自我陈述必须符合事实、符合逻辑、符合实际，而且不能含有任何强制性的务必和强求信念。因此，我可以这样告诉自己："我强烈希望人们会友好地对待我，事情会按照我想象的方式发展，但并不是必须如此。如果我不能实现自己的愿望就太糟糕了，但又不意味着这就是世界末日"；"我强烈希望自己能表现好，并能获得重要人物的认可，但如果并非如此，也无所谓。这种情况很不好，但也不能说是糟糕至极的"。我应该完全相信这些理性自我陈述，而不是机械地复述或仅仅认为自己应该相信这些自我陈述。我应该积极地说服自己相信这些理性自我陈述，尤其是当我意识到自己又开始产生焦虑心理时。

2. 我可以实事求是地与我的非理性信念辩论，尤其是那些务必信念，我应该向自己证明现实社会中根本不存在什么务必。如果我必须做好，我可能不会失败。如果你必须友好地对待我，你可能会这么做。如果周围的环境必须很好，可能会是如此。显然，务必是不存在的！

3. 我可以辩论那些不合逻辑的务必信念——因为我坚持认为自己必须成功，所以我就必须获得成功，这种观点是不成立的；因为我认为你必须公平地对待我，所以你就应该这么做，这种观点是不成立的；因为我要求周围的环境必须合我心意，所以它们必须如此，这种观点也是不成立的。

4. 我可以用一种务实的态度来辩论我的非理性信念。如果我认为我绝对必须做好，他人对我不好会很可怕，我不能忍受这种不愉快的情况发生。这样的话，我会自然而然产生一种焦虑、愤怒和抑郁的情绪。

5. 我会意识到我的焦虑感和其他不安的情绪往往与我生活中发生的不愉快事件高度相关。因此，当我成功或受到某个重要人物的认可时，我并不会感到焦虑；而当我失败或没有受到认可时，我往往会感到焦虑。但相关性并不等同于因果关系，不愉快事件会使我产生焦虑感，但是这种焦虑感还是要通过我的非理性信念才能产生的。许多因素可以"导致"焦虑感，但是非理性信念是其中的一种主要的因素，幸运的是，我可以改变这种非理性信念。

6. 我不能混淆有条件的务必观点和绝对务必观点。如果我要吃饭，我必须获得一些食物；如果我要降低我的焦虑感，我必须承认我有焦虑情绪，我必须找到引起焦虑感的主要原因（如非理性信念），并做出努力去改变或消除这种焦虑感；如果我想要某件东西，但我不去努力或只是坐等奇迹的出现，我很可能得不到它。因此，有条件的务必观点是有用的，通常情况下，这种观点也是必要的。无条件的务必和绝对务必则不同，我最好不要要求自己绝对必须做出良好的表现；也不要因为我希望你能友好地对待我，所以你就绝对必须这样做。所以，我可以保留那些有条件的务必，放弃那些无条件的绝对命令。

7. 如卡伦·霍尼（Karen Homey）所说的，如果我极力希望自己能保持一种理想化的形象，而且必须做到完美无缺，我最终肯定会给自己造成一种负面的形象，并会认为自己没有价值。

8. 为了说服自己我的理性信念是准确的、有效的，而且我真的有力地（即情感上）说服自己，我可以对这些理性信念进行辩论论证，并试着推翻自己的论点。或者，我可以让一个认识我的人来辩论这些理性信念——我坚持这种理性信念，而我认识的人会对之进行辩论，看看我自己能否维持这种观点。

9. 我会强烈地质疑那种完美的目标和信念，允许自己做出不完美的表现，并给自己以勇气——摘自索菲亚·拉扎斯菲尔德（Sophia Lazasfeld）的言论。我可能强烈希望自己会做出完美的表现，尤其是在一定的领域内，但我不会把这种希望变为一种强求。

10. 我几乎总能忍受那些我极其不喜欢的事情，因为：①这又不是什么要命的事；②尽管我不喜欢，但我仍会快乐地生活，虽然不像以前那么快乐；③通过忍受这一点，我可以从中获益；④我可以从中吸取教训；⑤通过忍受这一点，我往往可以提高自己的挫折忍耐力；⑥这种事情会极其难以忍受，如果我坚持认为自己不能忍受的话，我就完全开心不起来！

11. 如果我告诉自己，我不能忍受这种焦虑感，这种心理会使我更加难以忍受：首先是因为我没有得到那些我绝对必须得到的东西；其次就是因为这种痛苦本身。焦虑只是会让人产生一种不舒服的感觉，而并不是一件恐怖的事情——除非我不这样认为。

12. 我会意识到，如果同样的事情发生在其他人身上，如不幸的失败、他人不公平的待遇、恶劣的生活条件，其他人可能不会像我一样做出过激的反应，也不会受焦虑和绝望的困扰。因此，一些朋友不会因自己的失败而诅咒自己，也不会被他人的不公平待遇而激怒，他们可能会因恶劣的生活条件而感到难过和失望，但不会感到恐惧。因此，我和其他人一样，也可以对不愉快事件的感情和反应进行选择——前提是我要用一种理性的观点来看待这些事情。

13. 如果因自己的失败而贬低我这个人，我会意识到我不可避免会犯一些错误。其他人也一样，他们也会不可避免地犯错，我不应该因他们的缺点而焦虑或愤怒。谁能不犯错呢？

14. 只要你的想法不是那种不切实际的、盲目乐观的想法，积极的思想往往要比消极的思想好。但是，现实的消极思想——如"谨慎和警惕！""重新考虑眼前那些你所满意的事情，从长远来看，这些事情可能是有害的！"——这种思想是十分有益的。在积极或乐观的思想和现实或怀疑的思想之间寻找一种平衡，这种方法往往会使我达到一种最理想的幸福感。

How to
Control Your Anxiety
Before It
Controls You

用 62 个箴言控制焦虑情绪和因此产生的身体反应

可以利用多种方法来控制自己的焦虑情绪和因焦虑而产生的身体反应，如下所示。

努力去实现
无条件的自我接纳（USA）

1. 我是一个独特的个体，我有自己的个人好恶。只要我不去干扰他人的个人权利和社会权利，我就有权去争取我想要的东西，并减少那些我厌恶的事情。因为我选择生活在这样的社会群体中，并想要获得社会生活的利益，所以我认为无条件接纳别人（UOA）的想法很合理。为了获得更多我想要的东西，并减少更多我厌恶的东西，我会为实现自己的愿望设定一些宗旨和目标。我会对自己的思想、感情和行为做出评价，当它们有助于我完成自己的目标时，它们就是"好的"或"有价值的"；当它们不利于我获得更多我想要的东西，而且不能消除更多我厌恶的东西时，它们就是

"不好的"或"没有价值的"。

2. 我会严格避免用一种全局性的观点来评价自己，即不要用一种概括性的言论来评价自己。我不会因为自己做了"好事"就认为自己是一个"好人"，也不会因为自己做了"坏事"就认为自己是一个"坏人"。我的行为并不能决定我的人品。我会行善，同时我也会犯错。

3. 我会用一种不准确的全局性观点来评价自己，我很难阻止自己不去这么做，这是一种与生俱来的倾向，后天环境也会培养这种倾向的发展。当我对自己进行评价时，我会武断地认为自己是"好人"，不为别的，只因为我活着，我是人类，我是一个独一无二的个体。这是一种有益的观点，因为这种想法有助于我实现自己的目标和宗旨，而当我认为自己是"坏人"，是"没有价值的人"时，这种想法往往会破坏我的目标。因此，我会无条件地认为自己是"好人"，而不会因为我的思想、感情和行为（这些东西都只是暂时的）能够达到一定的标准，而认为自己是"有价值的人"，这是一种有条件的自我接纳。因为我活着，我是人类，我是一个独一无二的个体，所以我无条件地接纳自己（USA），这种想法很妥当，毕竟这些都是一生也不会改变的特征。因此，即使我不能通过经验来证实这一说法，我仍然可以将自己定义为"好人"。这种观点非常合理，它有助于我实现自己选择的目标和宗旨。但是，这种观点只是从实用主义上来说是"真实的"，但并不是绝对"真实的"。

4. 我不会说：因为我具备这种行为或特征，所以我不喜欢自己。相反，我会说：我不喜欢自己的这种行为或特征，我如何才能改善这些行为或特征呢？

5. 我会将自己的特征与我过去的特征以及别人的特征进行对比，并努力改善自己的特征。但我不会拿自己的"整体"与过去的自己或他人进行对比。

6. 我是一个独一无二的人，但并不意味着我就比别人好，也并不是说我比他们特别。我有一些特征要比别人好,还有一些特征没有他们好。但是,我的想法、感受和行为并不能决定我就是怎样的一个人。其他人也是如此。

7. 我的行为有"好"有"坏",我选择去接受它们,并努力去改善那些"不好"的行为。我选择去接受他人,可能也会努力去帮助他们(但不会强求)来改变他们的一些行为方式。

努力去实现
无条件接纳别人(UOA)

1. 我会对自己的思想、感情和行为做出评价,但不会对我这个人做出任何全局性的评价。对待他人,同样亦是如此。我不会去诅咒他人,但是对于他们所做的一些与我的目标和宗旨有关的行为,以及与正常的社会标准有关的行为,我会做出"好"或"坏"的评价。

2. 如果我确实对他人做出了评价(我往往易于做出这种行为),首先,我会无条件地接纳他们(UOA),我认为他们是"好人",只是因为他们活着,他们是人类,他们是一个独一无二的个体,而并不是因为他们的思想、感情或行为是"好的"。如果我只对他们的行为做出评价,而不去评价他们这个人,这种想法会更加稳妥。

3. 当我能够成功地做到无条件接纳别人时,我往往只会不喜欢或者讨厌他们的行为,但不会讨厌他们这些人(即行为者),也不会因为他们而愤怒。我可能会尝试去纠正他们的行为,但不会诅咒或惩罚他们——接受罪人但不接受我所认为的罪行。

承担作为
社会成员的责任

1. 我无法对自己的出生负责——有些缺点和局限性是与生俱来的。尽管有这些缺点，我还是应该利用自己的才能尽可能地做到最好，这是我应该承担的责任。但是，虽然我需要对自己的大部分想法、情感与行为负责，我也没有必要承担起这种责任，只是社会群体非常希望我会如此而已。如果我选择做出一些不负责任的行为，虽然说我应该对自己的不负责任承担起责任，也不能证明我就是一个废物或是一个"无用之人"。

2.作为一种群居动物，我与我的家人、群体、社会有着许多联系。如果我想要与他人交往或需要他人的帮助，平心而论，我就不应该伤害他们，而且最好应该公平对待他们并对他们负责。如果我们彼此能够承担起自己的责任，那么我们都将生活得更愉快。就某些方面而言，我可以偏袒自己，但如果我只考虑自己，而且还给他人造成了不必要的伤害，我的行为就是不道德的，不负责任的，这种行为会伤害到其他人，并可能会伤害我自己。我不是绝对必须凭良心做事，但若是如此，结果往往会好得多。如果我希望会有好的社交结果，我必须凭良心做事，而且还要对他人负责。这是一种有条件的行为，而不是绝对必须做的行为。

3.虽然他人会对我造成不必要的伤害，还会使我丧失一些东西，我还是应该对自己的感受负责，我仍是主要的负责人。如果他人的行为不公平，我可能会产生一种健康的遗憾和沮丧情绪，也可能会产生一种焦虑、抑郁、愤怒的情绪，这完全取决于我自己的选择。他们的行为会影响我的感受，但我的感受主要还是取决于我对这种行为的态度。所以，基本上来说，我应该对自己的情绪负责，而且我还要控制自己的情绪。即使按照生物机能的自然反应在面对他人的行为和一些事情时，我往往会产生一种不健康的情绪，但通过思考、努力和实践，我有足够的能力用一种健康的方式来回应这些人与事。

4.我往往会产生一种过度的破坏性情绪，或做出一些破坏性行为，虽然这种倾向是与生俱来的，后天社会条件也会对这种倾向造成影响，但我还是可以通过心理或医学方法来纠正。如果我不去努力纠正，那么我就应该为此负责。如果我患有疾病（如糖尿病或心脏病），我可以通过寻求治疗来应对这种疾病，我很可能会改善自己的病情；如果我没能正确对待自己的疾病，我就是对自己不负责任，可能也会是对他人的不负责。同样，即使有些情绪问题并不是由我引起的，我也可以这样来应对，我可以选择对此负责，也可以对此不负责。但是，如果我对这些情绪不负责，只能证明我是一个行为不良的人，并不能证明我就是一个坏人。

5. 我可以不负责任地使自己患上一些身体上和情感上的疾病或使病情恶化——喝酒、吸毒、吸烟、暴饮暴食。如果是这样，我应该让自己认识到这是一种不负责任的行为，而不应该贬低自己。这样，我就更可能会去纠正自己的行为。

6. 当我无法应对自己的情绪困扰，尤其是当这些情绪困扰是源于某种生化或物理原因时，我可能会通过合适的药物治疗、食疗、物理方法来改善这些情绪困扰，有时也会住院治疗，我不会因为选择这样做而认为自己就是一个无能之人。但我不会完全依赖或痴迷于物理治疗，我也会利用一些心理疗法来治疗自己，以使自己产生一些更加有效的思想、感觉和行为。也许这样我就能够永久地治愈自己的情绪困扰。

7. 因为我的大脑和身体是相互作用、相互影响的，我应该对自己的健康状况、饮食、睡眠习惯、滥用物质、身体的过度压力和其他一些身体保健方面的问题负责，以确保我尊重自己的身体，保持良好的身体状况，而不是虐待自己的身体，也不会因为身体上的问题而导致精神障碍。要想保证情绪健康，我也需要对自己的身体负责。

8. 即使当我焦虑时，我仍应对我的一些异常习惯负责。因此，我可以说，我心里很不安，这种不安心理会促使我吸烟或饮酒。但是事实并非如此，这种心理可能很严重，我可能会感到非常不舒服，但我仍然会这样告诉自己——"太难受了，我受不了了。因此，我必须吸烟或饮酒"。很可能是因为这种"我不能忍受"的心理，所以我才会去吸烟或饮酒。

9.我的社会责任包括让自己在与他人和团体的关系中获得享受并去实现这种关系。通过先天条件和后天社会环境的培养，我"自己"的个性是由我的人类习性和我的成长环境及接触环境塑造而成的。我会与他人相处，爱护他人，与他人建立关系，享受与个体和团体的相处。这些都是我与生俱来的一些重要的能力。我也许会对一些想法和计划感兴趣，但也可能对一些深厚关系和社会事业产生兴趣。我可以独立去实现自己的目标，也可以通过关爱和照顾那些特殊的人和群体来实现自己的目标。

提高我的社交技巧和社交乐趣

1.我不必擅长社交，不必关心他人，也不必帮助他人，但如果我这样做的话，我能从中收获极大的快感，并能为我的生活增加一些乐趣。更好地与他人相处有助于使我免受那些容易引发焦虑感的不愉快事件的干扰。

2.尽管我会认为他们有缺点，但我不能对他人的能力造成什么深刻的影响，然而我却有能力（如果我使用它的话）去接受他们的本来面貌，从而去爱护和欣赏他们。

3.依靠自己而不需要通过让别人喜欢我来"证明"我的价值。这将有利于我减少自己的焦虑感——完全依赖他人是焦虑的主要来源之一，因为我不能保证别人会支持我并迎合我。不需要这种心理会使我摆脱束缚，使我能真正像他人一样去看待问题，去考虑他们的目标和价值观，并使我更加热爱他们。因为我不会再因他们是否关心我而感到过度焦虑，不需要这种心理使我变得更为和气。我会无条件地爱护他人，而并不是因为他们给予了我高度的评价。

4.如果我抱有一种双赢的心态，而不是通过击败别人使自己获胜，我不必一定要获胜。别人获胜时，我也可以分享他们的快乐。我不会嫉妒他们，认为他们比我"更好"。我不会疯狂地与他们竞争。如果我真的输了，我不会太把它当回事。

5.如果我迫切需要能够自力更生，我就会依赖于如何彻底并完全地实现这一目标。

6.将他人神圣化就意味着自己的没落，我会迷失自己。将自己神圣化就意味着自己不能去赏识和认同他人。这两种思维都会使我产生焦虑心理，因为我们都不是神，我们的生活都是瞬息万变的。

7.热爱和帮助他人并不能证明我就是一个好人，但这是我人生的乐趣之一。我不会认为自己就是整个世界的中心。

8.热爱自己和帮助他人不一定是相互冲突的目标，这会使我对生活更感兴趣，并能为我带来更多的乐趣。

9.如果我试着站在他人的角度，按照他人的目标和价值观去看问题，我就不会因他们的言行举止而使自己心烦意乱。我会更加理解他们，并能更好地去欣赏他们。

10.如果可以的话，我会经常将自己的特征和他人的特征进行比较，以学会如何才能做到更好。但我不会用一种全局性的观点将自己与他人进行比较。他们的特征可能比我好，也可能比我差。

11.我会努力去理解他人，从而增加自己被他们理解的几率。

我该如何利用支持和安慰的方法

1.在一定程度上，我可以依靠他人（如亲戚和朋友）的支持和帮助去面对一些问题，我会感激地接受他们的帮助和安慰，并最大限度地利用他们的帮助和安慰。这种方法有助于我减轻自己的焦虑感。

2.如果我友好地对待他人，并乐于帮助他们，当我遇到困难时，我也许就会得到更多的支持。

3.接受他人的帮助并不意味着我就是一个无能之人,也并不意味着我不能照顾自己。

4.过分依赖他人而自己不去努力是不对的。这有违我的最佳利益,我最好还是应该更多地去依赖自己。

5.当我遇到严重的问题时,也许我可以寻求一些高级权威人士的帮助,但为了取得良好的结果,我最好还是应该依靠自己。

6.为了证明自己是多么的高尚,为了证明自己完全能够自力更生,所以拒绝那些愿意给我提供帮助的人,这是一种以自我为中心的夸大行为。

7.当我感到焦虑时,如果家人、朋友或其他人能够给我提供支持,并安慰我,这往往会减少我的焦虑感和恐慌感。但是,由于这种支持和安慰可能不存在或可能不会继续下去,所以我不应该完全依赖于它们。我最好还是应该有自信,并能自己帮助自己。

8.如果我认为他人绝对必须给予我支持和安慰,而这种支持和安慰不存在时,我往往会产生一种焦虑感或恐慌感。因此,当遇到困难时,我最好抱有一种期望(而不是绝对需要)的心理。

9.我可以培养友谊和发展亲属关系,并为这些朋友和亲戚提供帮助,这样我就能得到他们的支持和帮助。我还可以从那些和我有着类似问题的治疗团体、自助团体和支持团体那里获得支持。

10.我没有必要接受人们给我提供的意见、支持或安慰,但如果它们对我有帮助时,我可以聆听并考虑这些意见并接受那些有益的部分。

11.我可以给自己的最好安慰是:无论事情多么糟糕,无论他人待我多么不公平,我的生活并不可怕。我可以忍受并仍能从中找到一些乐趣;我可以应付这种情况,而且可能会改善这种情况。

专注于生活中的乐趣和美好的方面

1.我有缺点,有局限性,我还会遇到挫折,而且有时候还会遇到自己不能承受的事情。但是，要看到生活中好的一面——生活的乐趣、成功、我的朋友、我的才华、我的兴趣。当然，生活中总会发生一些不幸的事情，但过度关注于这些不幸的事情又有什么用处呢？只会增加我的担忧心理！

2. 大家都知道，这个世界并不是那么简单的一个地方。但是，想一想艺术、音乐、文学、科学、体育、动物、自然资源、科学和医学上的新发现给我们带来的奇迹。如果我坚持要专注于消极的一面，我如何才能改变和提高呢？要是专注于积极的一面会如何呢？

3. 当然，我可以预测未来的生活令人沮丧，我也可以抱怨目前的生活不尽如人意。但是，如果想象一下会发生一些美好的事情，我会努力去实现这种美好的希望，这会如何呢？我应该做出怎样的努力呢？

4. 我不希望不好的事情发生。但是，如果我利用自己的创造性来改善这种状况，并重新塑造自己的小世界的话，这对我自己和他人来说都是一种建设性的行为，我还会从中享受到乐趣。

努力营造健康的情绪

1. 如果我强烈渴望某些事情，或者如果我极其讨厌某些事情，我就要提醒一下自己，这个世界并不是由我掌控的。我不应该让自己那种强烈的喜好和厌恶变成一种命令。如果我这样做的话，我很可能会经常受到情绪的干扰。

2. 我可以有强烈的喜好和厌恶情绪，但如果我将这种情绪转化为一种期望，而不是一种命令，当不能实现这些愿望时，我只会产生一种健康的遗憾和失望情绪，而不会有任何不健康的焦虑、抑郁、或愤怒的情绪。所以，如果我理性思考问题，而不要求我绝对必须得到我真正想要的东西的话，我就可以产生一种健康的情绪，而不是一种不健康的感情，这完全取决于我自己的选择。

3. 我几乎可以拥有任何愿望，这些愿望有可能会给他人带来伤害，也许在他人眼中这些愿望可能很愚蠢，但是只要我承认这些愿望可能会造成伤害性的后果，并愿意承担这种后果，这种愿望就是合乎逻辑的。如果我承认这种伤害并愿意接受它，我就应该遵循道德标准，最好不要去伤害他人，但我可以选择伤害自己。如果我想避免造成伤害性的后果，我可以用一种期望的观点来对待自己的乐趣，而不应该认为自己必须去实现这种愿望。当这些愿望会产生有害的结果时，我不必去实现自己的愿望，而且还可以放弃它们。

4. 那些行为不端的人不会让我感到很烦恼。他们往往会对我的情绪造成重要的影响，因为如果我认为他们的行为不当时，我通常就会不喜欢他们，因此就会产生一种健康的消极情绪，如悲伤、遗憾、挫败。但我也可以完全不在乎他们，我甚至可以选择去欣赏他们。至于那些对我的个人利益造成重要影响的不良事件，我通常会感到沮丧和遗憾。不过，这完全取决于我自己的选择，我也可以选择对它们无动于衷。因此，我不应该这样说——他让我感到不安，或它使我忧虑重重。而我可以说——他的行为使我心烦意乱，这种心理是由我自己的选择造成的，或它使我心烦意乱，这种心理是由我自己的选择造成的。这种说法更准确，这样我就可以做出更健康的选择！

5. 那些适度的愿望和虚弱的愿望几乎不会给我造成麻烦，因为我很容易意识到我不必去实现这些愿望。不过，我往往会把那些强烈的愿望视为一种强求或必须实现的事情，如果不能实现这些愿望，我往往会产生一种不安的心理。注意！我不应该把那种强烈的愿望转化为一种绝对必须实现的事情！

我该如何利用幽默感

1. 我最好应该严肃对待一些事情（如我的人际关系和我的工作），但是也不能太严肃了。有时候要放轻松些，试着用幽默感来看待这些事情。

2. 我常常觉得我能改变一些我掌控不了的人，而事实上我连自己都改变不了，尽管掌控自己要比掌控别人容易得多，这真是可笑。并且我也不认为人们绝对必须按照一贯的方式行事，因为他们可能会做出一些不同寻常的表现，或许是这样吧！他们绝对会做出不同的表现。哪里？唉！我的幽默感跑哪儿去了？

3. 如果我不断下定决心要改变自己的行为方式但都半途而废时，我为什么还要强求别人去改变，难道仅仅是因为他们下决心要去改变自己吗？我自己都常常不能按照自己的意图行事，他们又为什么必须要下定决心去改变他们自己呢？

4. "我应该变得更好"有两层含义：①如果我能变得更好，那是最好不过的了；②我不得不做出改变。这两层意思完全不同！第二种观点可能会使我焦虑不安，甚至干扰到第一种观点。但是，可笑的是，我觉得这恰恰有助于我去改变自己。

承认自身生理和物理方面的习性和不足

1. 如果我在饮食、锻炼、作息、饮酒和嗑药方面严格要求自己，我就能控制自身的身心反应。但这种自控力是有限的，我还是会受到约束，承受一些身体上的痛苦。这实在是太糟糕了！我应该严于律己，虽然存在不足之处，我还是需要尽最大努力去做出最好的表现。

2. 如果我不去虐待自己的身体，我就会享受到更多的乐趣。我能给予身体更多的关注，对可能出现的我难以或根本就掌控不了的疾病、不适和残疾保持警惕性，这样我就不会感到焦虑和恐慌了。如果我过于焦虑和过分担心自己的健康状况，这反而会导致身体功能退化，我也会变得越来越虚弱。

3. 精神、情绪和身体方面的忧虑往往是由生物和基因方面的因素造成的，这些因素是我和他人都很难掌控的。精神和身体残疾是非常不幸的，当然这并不是什么不光彩的事。我和他人并不会因为这些缺陷，而被人们视作是弱者或可耻的人。运用合适的药物和治疗方法来改善自身的缺陷，这也完全算不上什么可耻的事。从内科医生、精神病医生和其他有名的医生处获得帮助可能会非常有益，我应该去试一试，这是一种极其明智的选择。

4. 我很容易沉溺于酒精和其他许多物质，比如大麻、可卡因和海洛因等。这些物质能放松神经，给我带来非常愉悦的快感，但是它们也容易让人上瘾，长此以往会给我的身体带来伤害。许多药物也可能缓解我的疼痛，给我带来快感，但这些药物也存在潜在的危险。我最好先好好了解一下这些药物，按照医生的嘱咐服用，即使是这样也要小心些。服用这些药物会给我带来短期的快感，却也会造成长期的伤害，这是非常不值的。

5. 药物，特别是精神药理学家或精神病医师开的药物，如镇静剂、抗抑郁药和其他精神病药物或许非常有效。但用这些药物进行自我治疗是非常危险的！

6. 一些诸如低血糖和疲倦乏力等身体状况会导致身体和精神出现短期的功能紊乱，所以我应该意识到自己对这些状况的敏感性。

7. 如果我的家族有明显的精神病史，我应该意识到自己也会有得病的可能。我最好去检查一下，看有没有患病的征兆。

8. 我的身体极有可能会影响到我的情绪，但是那种强烈且持久的情绪反过来也会给我的身体带来影响，甚至会破坏我的免疫系统。合理的状况既包括拥有健康的身体和精神，也包括拥有强烈的、健康的、积极的和消极的感觉。

How to
Control Your Anxiety
Before It
Controls You

用 65 个箴言应对不适焦虑感和非理性恐惧感

我的焦虑感大都是一种自我焦虑,这种自我焦虑往往是一种非理性信念,即我绝对必须完成一些重要的项目,必须获得其他人的认可,否则我就是一个无能之人、一个没有价值的人。我会产生一种非理性信念,认为困难和麻烦很可怕,也很恐惧,我不能忍受它们,而且我也不会感到快乐。在产生这种非理性信念的同时,我还会产生一种不适焦虑感,我的挫折忍耐力也会降低。这些非理性信念通常与我对焦虑情绪的看法有关,我认为焦虑感很可怕,我难以忍受那种不适感。

要想改善这种较低的挫折忍耐力,我需要采取一些特定的行为方法并应持之以恒,而且还要用一种克服低挫折忍耐力的想法和感受来应对因不适焦虑感而产生的逃避、强迫、恐惧、拖沓和其他异常行为。以下列出了一些重要的理性名言,我可以利用他们来改变自己的思维和感受,尤其是可以利用它们来应对我的低挫折忍耐力。

我该如何提高挫折忍耐力

1. 当我周围发生的事情有助于我实现自己的目标和宗旨，而且社会也普遍认可这些事情时，我就会认为它们是"好的"；而当这些事情不利于我完成自己的目标和宗旨且有违社会宗旨时，我就会认为它们是"不好的"。我不会给它们下定一个绝对的、死板的、概括性的评价，但我会对那些"好"与"不好"的方面做出评价。

2. 当有证据表明一些条件和情况会阻碍我和他人的幸福时，我就会认为它们"非常不好"或"极其不好"。但我会尽量不去认为它们是"糟糕的""可怕的"或"恐惧的"，这些词语表明情况极其严重——实际上，以前从未出现过如此严重的情况，所以这种看法是不正确的。同时，这些词语还表明，这些事情太糟糕了，绝对不能发生。

3. 当我认为某种情况很"糟糕"时，这种想法会使我产生一种焦虑感或恐慌感，我本来很可能会改善这种情况，但是这种心理给我造成了干扰。我会因此焦躁不安，而不会去采取措施来改善这种状况。

4. 我往往还会说，"我受不了这种糟糕的情况"或"我不能忍受它们。"这种想法是错误的！只要我活在这个世上，只要它们不会要了我的命，我就能忍受它们。"我不能忍受它们"就意味着，只要有它们的存在，我就不会快乐，而事实并非如此，除非我自己这么认为，这其实就是我自己不允许自己去享受快乐罢了！

5. 只要合情合理，我就一定会试着去改变生活中那些不如意的事情。但是，如果我不能改变某些人或某些事，或者这种改变需要花费大量的时间和精力而且根本不值得这样做时，我就会去接受这些我不能改变的事物。我不会抱怨、也不会愤怒地认为这种事绝对不能存在。相反，我会尽可能吸取其精华部分，毕竟事物都具有两面性，有缺点也有优点。接受它至少可以提高我的挫折忍耐力！

6. 我会努力去克服困难的任务和恐惧感，我会尽我所能，接受自己所面对的困难任务以及他人分配给我的任务，并去享受这种挑战。

7. 在做这些困难任务的同时，去寻找其中潜在的乐趣和享受，这才是一种明智之举。

8. 人生往往是不公平的。如果不能改变，就要及时并积极地应对这种不公平。

9. 逃避繁重的任务只会拖延你的时间，而且还会增加任务的难度。逃避的态度只会造成更多的不适焦虑感，我本来有可能克服这种困难的，而逃避的态度会使我无法应对这种困难。

10. 我不必去改变或控制残酷的现实。当我不能做到某件事时，"我必须这样做"的想法往往会降低我的挫折忍耐力。

我该如何利用布置家庭作业的方法

1. 我承认，我会产生许多异常的思维、感觉和活动习惯，尤其是我会产生一种不必要的焦虑心理，而且我还会有意识或无意识地坚持这种异常的习惯。为了改变这种习惯，我就需要去做大量的工作和实践，我会做一些练习来帮助我改变这种习惯，最好每天都应坚持这样做。这是一项艰巨的任务！但是，要是我不去做，我将面临更艰巨的任务！

2. 无须老师或监督者来给我分配任务和检查我做练习的情况。我会每天给自己布置家庭作业，并监督自己。毕竟这是为了我好。

3. 我会提醒自己（如通过便条和公告的形式），坚持做练习，并定期进行总结。我每天或每周都会给自己分配少量的任务。

4. 我会将我的练习告诉亲戚朋友，并鼓励他们来监督我。

5. 有时，我还会和我的亲戚朋友共同做练习，这对彼此来说都是一种帮助。

6. 如果我不能定期做练习，我会找到那些阻止我这么做的非理性信念，尤其是以下信念："它必须很容易！""这太难了！""我受不了！"

7. 为了让自己做练习，我和自己达成了一些约定，我会写下具体的任务，当我完成这些任务时，我就会奖励自己；而当我完不成时，我就不给自己任何奖励。

8. 我会写下做练习的优点和缺点，如果我做不到，我会每天或定期重温一下这些优缺点。

9. 我会在头脑中进行行为演练，以使自己为做练习做好准备。或者，我会找一个亲戚或朋友和我一起进行角色扮演。

10. 我会列出一些有用的理性信念，如本章和前两章中提到的名言，并定期重温一下这些理性信念来提醒自己。这将是一种有效的认知练习。

11. 为了使自己在练习的过程中产生一种不适感，我会故意安排自己在一些项目中失败，以向自己证明——失败并不可怕，我也可以从失败中吸取教训。

12. 我会特别策划一些能够让我失败、被拒和遭受挫折的练习，这样我就可以在实践中证明，因没能达到自己所想要的东西而产生的非理性信念只是一种夸张化的信念，这种信念是不正确的。

13. 我会说服自己——我所遇到的或可能会遇到的几乎所有"灾难"和"恐惧"都只是一种极其麻烦的事。

我该如何利用暴露法或现实脱敏法

1. 我会去逃避我的焦虑感，并远离那些使我感到恐惧的人与事，这样做可能会缓解我的紧张情绪。但是，这只是暂时的！我越是这样做，往往就越容易感到焦虑。避免真正的恐惧，如害怕从很高的梯子上摔下来，这种想法是合情合理的，但是如果我拒绝接触安全的地方（如电梯）或安全的人（如朋友），而且实际上这种事情根本没有任何危险性可言时，这种行为只会增加我的焦虑感。所以，我会尽我所能去面对那些会使我产生一种非理性恐惧感的人与事，我会冒险去体会那种不适感，以使自己摆脱长期的不适，直到我能坦然地面对那些使我惊慌失措的事情，并能享受这些事情。

2. 我会逐渐让自己接触那些容易引发焦虑的情形，从而使自己坦然面对它们。或者，我可以有规律地使自己不断去面对它们，这种方法往往会产生更显著的效果。

3. 就应对非理性的焦虑感和恐惧感而言，我承担的风险越多，效果就会越好。摆脱那种自我强加的"恐惧"感才是一种最佳的自由。而从长远来看，这是一种最简单有效的方法！

4. 我可以想象一些可怕的事情，并用一种放松的方式来消除我对这种情况的恐惧，并实事求是地面对它们。但是，最终我还是得勇敢地面对这些情况，以向自己证明——意象脱敏法实际上是一种有效的方法。通过现场暴露，我会减少对某些情况的敏感性，如果我能强迫自己这样做，往往就会达到一种更快、更好的效果。

5. 我可以对那些使我产生非理性恐惧感的事情进行分类，首先减少自己对那种较弱恐惧感的敏感性，然后再去应对那种更大的恐惧感。然而，我也可以潜心去应对那种更强烈的恐惧感（通过一种快速的方式而不是渐进的方式），从而快速并彻底地克服它们。

6. 我必须面对这样一个事实：我最糟糕的非理性恐惧感往往是因为害怕得不到认可或会受到公众的羞耻以及尴尬情绪而引起的。为了使自己减少这些恐惧感，我认为最好的方法是进行理性情绪行为疗法——羞耻-攻击练习。练习期间，我会刻意在公共场合做一些无害的但又很愚蠢、荒谬和"可耻"的事情，并尝试着让他人攻击自己。在做羞耻-攻击的同时，这样说服自己：我希望得到别人的批准，但并不需要他们的认可。这将有助于我改善自己的耻辱感。当有些人不认可我的"可耻"行为时，我会感到遗憾和失望，但我不会以此判定自己的价值，也不会因此鄙视我自己。

采取行动表达意见和表现自己

1. 我会尽量做最好的自己并去做一些我想做的事——让别人去做他们想做的事情吧。

2. 当我和他人相处时，我会尽量表达自己的意见，并去表现自己——让别人去表达他们的意见、表现他们自己吧。当我不想去做他人想让我做的事情时，我就会拒绝这样做——我也会允许他们拒绝做他们不想做的事情。

3. 当我不同意别人的意见时，我会尝试向他们表达我的意见——但当他们是我的上级时，我就不一定会这么做，否则我就会因表达自己的意见而惹上麻烦。

4. 当我认为一些事情很重要时，我就会大声说出来，但我不必得到他人的认可，也不必要求他们去做我想做的事情。我只是希望他们会知道我是如何想的。

5. 要学会表现自己，并从他人身上获得我想要的东西，同时也要拒绝我不想做的事情，我不是绝对必须获得别人的认可。作为一个群居动物，我往往需要获得别人的爱和认可，而且我还能从中获得极大的享受和利益。但是，做自己也很重要，不要为了获得他人的认可而出卖自己的灵魂。我很喜欢与那些能够让我做自己，让我表达自己的意见，并仍能喜欢我的人相处。我多么希望能遇见更多这样的人！

用行动应对我的焦虑感

1. 采取行动来解决我的问题，并表明我能承受那些无法解决的事情，这就证明了我可以应对它们，并能忍受那些不能改变的困难。

2.我采取的行动越多，我因困难而焦虑所耗费的时间和精力就会越少。

3.行动有助于我系统化自己的生活，从而使我缓解那种过度担忧的心理。

4.如果我能承担失败的风险，至少我会发现自己的表现是好是坏，并能减少我对失败的担忧。

5.虽然会失败，但尝试总比不尝试要好得多。行动会使你积累经验；不行动只会让你无聊至极。

6.如果我努力体验并去享受每一刻，就会减少因未来将要发生的事情所产生的担忧情绪。

7.为未来担忧并没有什么好处，但行动很可能会使未来变得更加美好。

8.行动本身可以中止焦虑心理，行动会激励我，往往会使我更好地解决我的问题。锻炼、跑步、运动和其他类型的活动都会有益于我。

9.如果我强迫自己做出更理性的行为，我的想法可能会更理智。放弃拖拖拉拉或者暴饮暴食的坏习惯，这种行为可能会鼓励我用一种更理性的想法来看待我的生活和我的健康状况。

10.我的思想和感情会影响我的行为，同样，我的行为也会影响我的思想和感情。因此，如果我养成出于自己最佳利益而行事的习惯，我很可能会从自己最佳利益的角度去思考和感受。

11.如果我决定去承担风险，这种行为要比单纯的想象更加危险。但是，我会从中学到更多，而且我会确定这种行为的危险性，而不是在我的脑海中幻想着这种行为的"恐怖"性。通过这种行为，我可以向自己证明，我的非理性信念是错误的。

12.通过实验，我能大概了解什么是好的，什么是不好的。实验就意味着行动。

13.设定目标这种方法很好，但我还要了解这个目标是否能实现，或单纯的行动是否足以实现这个目标。

14. 用行动来证明我的非理性信念，这是否决非理性信念的一个最佳方法。

15. 如果我答应自己采取行动，但又拒绝去行动，那么将我的意图告之他人，这往往会使我更容易去采取行动。

16. 我对一些事物的关注将会激励我去采取行动。那种过度担忧或严重的焦虑心理往往会阻碍我的行动或把事情弄糟。

17. 行动往往会引发灵感；不行动也就无所作为。

18. 我是不会被恐慌吓倒的，我会采取行动。因恐慌心理而惊慌失措，这才是阻碍我行动的真正元凶。

19. 我会强行让那个坐在汽车后座乱指挥交通的乘客闭嘴。

20. 如果我对自己的行为充满信心，我就能做到那些我不能做的事情，并能做得更好。

21. 我所犯的最大的错误就是我拒绝犯错。

22. 我会假设那些核心的理性信念是真实的，并用行动去证明确实如此。例如，我会刻意去做一些我可能无法完成的事情（或我可能会故意失败），以此来证明我并不是失败者，也不会是一个一无是处的人——虽然别人可能会这么认为。有一段时间，我会使自己处于一种不愉快的环境中（如恶劣的工作或枯燥的课程），以向自己证明我能够克服这种不适焦虑感和低挫折忍耐力。

23. 我会去处理一些易于处理的问题，当要解决一些难以处理的问题时，我不会不切实际地将自己视为一种不可救药的废物。我会尝试去做一些重要的事情，但我不会去做太多的工作，不会因要获得成功而失去对自己的控制。如果我开始变得不能控制时，我会放弃一些工作，而不会让自己产生羞耻感。

24. 如果我竭尽全力去避免使自己受到焦虑情绪的干扰，这往往只会加剧我的焦虑感，并会使焦虑感延续下去。因此，如果我很担心去做一些事情，如公开演讲，我可能会拒绝采取行动，这会使我暂时产生一种良好的感觉，但我会一直保持这种焦虑感。如果我因自己的焦虑感而感到不安，而且还害怕谈论这种焦虑感（甚至害怕跟治疗师说）的话，我可能会告诉自己——我无法容忍它，这样我就不会试着去面对它、习惯它，并最大限度地减少这种焦虑感。我原先就有焦虑情绪，我还会因担心自己的焦虑症而加剧这种焦虑情绪。作为人类，使自己免受切身之痛，这是一种正常的心理，但这样做可能会弊大于利。

25. "我究竟是如何养成这种坏习惯的"是一个有趣的问题。不过，我要怎样做才能改变它们，这才是我真正应该面对的问题。

26. 我很难克服自己的惰性，从而使自己行动起来，但是这并不意味着这件事很困难。如果我保持这种怠惰的态度，以后会变得更加困难，我将会浪费更多宝贵的时间。

27. 要是我死了，我会享受更多怠惰的时光。所以，现在是该行动的时候了！

28. 要认识到自己喜欢什么或不喜欢什么，我就要进行实验。实验就意味着行动！

29. 冒险可能很危险。但是，不冒险可能会更危险，因为时光会"安静"地流过，而我甚至不会知道自己究竟错过了什么。

30. 当我在公开演讲中感到焦虑或害怕观众会看到我很焦虑时，我仍然能够应付过去，并能成功演出。我会试着把我的错误融入表现中，使这些错误看上去好像是表演的一部分，或看上去是我故意犯错的。我可以嘲笑自己的"错误"，也会允许观众嘲笑我的错误。

31. 当我犯错时，我会承认自己的错误，而不会贬抑自己。这样，我就可以从中学习，并避免自己再次犯错。如果我接受自己的错误，而不是抱怨连连，我就会学着去改变那些使我容易犯错的情况。

心灵疗愈

《欲罢不能：刷屏时代如何摆脱行为上瘾》
作者：[美] 亚当·奥尔特 译者：闾佳

全面揭秘和解决"行为上瘾"的奠基之作。美国亚马逊畅销图书。
互联网时代，人人都对一种行为有瘾，例如游戏、社交网络、APP、电视剧集、视频网站。本书解释了"行为成瘾"的原理和影响，以及为什么这些产品让人们上瘾，对我们如何与这些产品保持界限，从而保持健康生活给出了建议。

《幸福的陷阱》
作者：[澳] 路斯·哈里斯 译者：邓竹箐 祝卓宏

美国亚马逊畅销数年，全球销量超过100万册；豆瓣评分8.5，评价数1000+；樊登读书推荐；刷新认知的幸福哲学。

《终结拖延症》
作者：[美] 威廉·克瑙斯 译者：陶婧 于海成 卢伊丽 等

终结掉拖延对你的干扰，你可以活得更精彩，再用承受那些常与无必要的、自寻烦恼的拖沓相伴而来的痛苦。这样，你就会在需要的时候尽快地爆发出潜力。你也会有更多的时间来娱乐！

《清醒地活：超越自我的生命之旅》
作者：[美] 迈克尔·辛格 译者：汪幼枫 陈舒

面对漫漫人生路，我们会迷茫、焦虑，会不知所措，那是因为我们受到了自己惯性思维和情绪的影响，从而迷失了自我。冥想大师迈克尔·辛格从崭新的视角带你探索内心，为你正经历的纠结、痛苦找到良药。改变全球万千读者的心灵成长经典。我们每个人都有自救的力量，这个力量来自清醒的自我。

《取悦症：不懂拒绝的老好人》
作者：[美] 哈丽雅特·布莱克 译者：姜文波

取悦别人，就是亏待自己。你是否总把别人的需求摆在第一位，从来不会对别人说"不"？你是否争取每个人的认可，努力想让自己之外的每个人都高兴？你是否害怕跟任何人发生对抗或冲突？这本书给你带来了治愈取悦症的21天行动计划。

更多>>>
《静观自我关怀:勇敢爱自己的51项练习》 作者：[美] 克里斯汀·内夫 等
《快乐的陷阱：40个让你痛苦和停滞不前的行为模式》 作者：[加] 兰迪·帕特森
《精神问题有什么可笑的》 作者：[美] 鲁比·怀克丝